我们为什么在这里？我们要去向何方？

生命之间

[英] 汤姆·杰克逊　著
敖道　译

世界图书出版公司
北京·广州·上海·西安

图书在版编目（CIP）数据

生命之问 /（英）汤姆·杰克逊著；敖道译. — 北京：世界图书出版有限公司北京分公司，2021.1
ISBN 978-7-5192-7848-9

Ⅰ. ①生… Ⅱ. ①汤… ②敖… Ⅲ. ①生命哲学②死亡哲学 Ⅳ. ① B083 ② B086

中国版本图书馆 CIP 数据核字（2020）第 163362 号

书　　名　生命之问
　　　　　SHENGMING ZHI WEN

著　　者　[英] 汤姆·杰克逊
译　　者　敖　道
策划编辑　陈　亮
责任编辑　夏　丹

出版发行　世界图书出版有限公司北京分公司
地　　址　北京市东城区朝内大街 137 号
邮　　编　100010
电　　话　010-64038355（发行）　64033507（总编室）
网　　址　http://www.wpcbj.com.cn
邮　　箱　wpcbjst@vip.163.com
销　　售　新华书店
印　　刷　三河市国英印务有限公司
开　　本　710mm × 1000mm　1/16
印　　张　12.5
字　　数　125 千字
版　　次　2021 年 1 月第 1 版
印　　次　2021 年 1 月第 1 次印刷
版权登记　01-2019-1747
国际书号　ISBN 978-7-5192-7848-9
定　　价　48.00 元

目 录

导 言

> "我们可能不死吗？如果可能，
> 有人会选择不死吗？"

再没有什么问题比生命与死亡的问题更大的了。我们来自何处，又将去往何方？这两个问题构成了所有科学探索研究的基础，也是它们，填满了哲学家们每一天的思考，过去如此，现在如此，未来也将如此。这两个问题之所以有如此重大的意义，是因为我们现在活着，并希望一直活着，而且知道我们必将在某一天死去。

本书从几个不同角度探讨了这些问题的答案。关于生命究竟是怎么一回事，以及生命是如何开始的，书中陈述了科学研究已经找到了的答案，还有些没有找到答案的。我们会讲一讲：意识，以及它在死亡过程中所扮演的角色。还会探讨一下永生：我们可能不死吗？如果可能，有人会选择不死吗？死亡是终结吗？对于这点，恐怕我们都要等着瞧啦。我的意思是说，我们此刻是否真的活着？有人怀疑，此刻的我们并非如我们想当然的那般地活着。

第一问

什么是生命？

让我们就从最大的一个问题开始吧。对“死”的思考,可能会帮助我们理解何为“生”。可以很负责任地说,你正在读的这本书,它是死的。大部分吧。可能有一点点活着的东西,虱螨之类极小的虫子在啃书脊里的胶水。当然,这与我们想讨论的不大相关。书的纸页是死的。要说某物死了,那它必然曾经活过。纸张是木头做的,准确地说是松树的木质化的细胞做的,那松树曾经活着,后来被砍倒并做成纸浆。所以纸张是死了的东西做的。那么印墨呢?黑色的墨由超细碳颗粒制成。它们是在石油加工过程中提取的,而石油是死了很久很久的微生物的残存。那么墨也是死了的东西做的吗?我们恐怕不会这样说,因为那些微生物已经死去太久太久,又经过了太多转变,足以令现在的墨与它最初的生命形式大相径庭,甚至可以说是不同的东西了。然而,这个语义点也不是我们所要讨论的。我们想要归纳出这样一个结论,即宇宙间的物质可以划分为两种:来自非生命过程的非生命物质,以及由生命创造的有

“要说某物死了,那它必然曾经活过。”

哪个是活的,哪个是死的?

过生命的物质。

可以肯定地说，前者要远远超过后者，即非生命物质远远超过由生命创造的物质。它们的区别在哪里呢？从一个视角来看，生命物质必须由细胞构成，少至一个，多则数万亿个。但这也只是一种对地球生命共有特征的观察总结，并不一定是对生命的普遍要求。仅仅因为这个星球上没有无细胞的生命，谁能说任何地方的生命就都必须要有个细胞？谁要真能肯定地这么说，那就一定是对“何为生命”这个问题有着更深刻的理解。

另一个对生命的描述是：生命是一个自我持续的过程，但这样说也是不完整的。还有其他非生命的东西，也可以自我持续和自我调节。比如说，天气，或者汽车发动机。

奔腾的生命

看来我们不得不说得更精准一些。但是，真没有一个简单明了的对生命的描述。恰恰相反，对生命的描述总是相当复杂的。“MERRING ”是一个最简短的对生命特征描述的总结，它不是一个英文单词，是7个英文单词的缩写。还有其他很多种对生命特征的描述，几乎都要提到这7件事：运动（Movement）、排泄（Excretion）、呼吸（Respiration）、繁殖

> “‘MERRING’是一个最简短的对生命特征描述的总结。”

（Reproduction）、应激性（Irritability）、营养（Nutrition）和生长（Growth）。这7项可以说是生命的清单。

这7个词含义明确，大概只有“应激性”一词需要好好解释，难道生命都是暴脾气一戳就跳的？当然不是，还是让我们从头说起。

“运动”这一项很容易理解。你现在就正在运动着，很多运动是在不知不觉中进行的，胸腔在扩缩，心脏在跳，眼睛在眨，你还不时移动一下胳膊、腿或者身体的某个部位。那么，这就可以说你是活着的吗？不管怎么说，这是清单的第一项。但别忘了，汽车也可以移动，那它算是活着的吗？

再来看看其他形式的生命：蘑菇或者树。现在，这个“运动”的概念开始变得微妙了。当然了，蘑菇或树没有像你或汽车那样的运动能力，虽然它们的运动有限而且很被动，但它们确实能够控制它们身体的位置。树可以让它的叶子朝向太阳。每株植物的叶子上都有一些气孔，它们构成一个系统，叫做气孔系统。这个系统控制着气孔们在合适的条件下打开和关闭。苔藓甚至能够用这样的方式生产出精子，这些精子可以摇摆尾

“每株植物的叶子上都有一些气孔，它们构成一个系统，叫做气孔系统。这个系统控制着气孔们在合适的条件下打开和关闭。”

巴在水中游动。

蘑菇是真菌的子实体，在这项“运动”的测试中，它大概很难及格。有一些子实体，比如马勃[1]，是个很好的例子，它有着非常精致巧妙的孢子散播系统，这个系统只有在条件适合时开启。此外，有些食肉真菌会设置陷阱，捕捉土壤中的虫子。当虫子爬入陷阱，真菌环收紧，小虫子就拜拜了。当然，这种类型的运动是很罕见的。不过我们最终是要接受，所谓“运动”，只要是能够将身体或者身体的一小部分转移到新的位置就可以。以此来说，真菌的孢子散播与猎豹的奔跑同样都是运动。猎豹在起跑之后20米内的速度快过汽车，但距离长了就不行。如果说汽车可以比猎豹更持久地运动，那么，这辆汽车算是活着吗？

“有些食肉真菌会设置陷阱，捕捉土壤中的虫子。”

生命清单的第二项是“排泄”。大概每个人都会觉得自己知道这一项是什么意思，此时很多人的脑海里正在勾画出一个人在排泄的不雅画面。其实，我们这里所说的“排泄”这一项，并非如此。这里的“排泄”是指将身体所产生的废物排出体外。之前我们脑海中的不雅画面是排便，即从消化系统的另一端排出食物垃圾。以拓扑学[2]的角度来看，形状不过是以特定

1 马勃（puffball），是一类担子菌门真菌的通称，一般为球形，内部为粉末状。马勃都具有一个拥有密闭子实层的子实体，在内部产生孢子，其孢子不是像其他蘑菇一样的掷孢子，而是稳孢子，也就是说当子实体成熟时不会将孢子抛出，而是子实体爆裂开，孢子如烟雾一样散出。——译者注

2 拓扑学（Topology），或意译为相位几何学，是数学的一个分支，主要研究空间内，在连续变化（如拉伸或弯曲，但不包括撕开或黏合）下维持不变的性质。——译者注

方式连接的表面，那么消化系统也就无异于身体的表面，如皮肤。从功能的角度看，消化系统是一条长长的管子，从口腔开始，在身体中扭转蜿蜒，沿途扩大成为不同的腔室，最终在肛门处与外界重新连通。请看下面这个二维的身体纵切面的图片。那根管子在哪里呢？管子消失了，它所在之处身体被分成两部分。

“那些不需要的或者难消化的物质，会继续向着消化道的下出口行进，最终被排出体外。”

二维图片显示消化系统是身体的表面

所以说我们吞下的食物并没有真正进入我们的身体。当然，食物的确是穿过我们的身体，被消化并逐步分解成更简单、更有用的成分。肠道中的营养物质恰恰处于适合身体吸收的位置。那些不需要的或者难消化的物质，会继续向着消化道的下出口行进，最终被排出体外。这些被排出体外的物质，既然从未真正进入到身体里面，也就不算是身体的排泄。

为了进一步说明，我们可以来与扁盘动物对比一下。这是一种结构特别简单的动物，很难找到比它更简单的了。一个扁盘动物是极小的一片多细胞，在海底的岩石间飘荡。它直接通过外表面吸收营养，比如细菌或任何经过它的营养物质。这其实与我们消化吸收食物并无不同。最显著的不同也就是，我们的身体上有个一贯到底的洞，仿佛甜面圈。扁盘动物没有这个洞，它注定成为一片黏糊糊的细胞。我们的洞扩大成一条管子，为我们人类以及大多数动物族群提供了更广阔的生命视野。

“一个扁盘动物是极小的一片多细胞，在海底的岩石间飘荡。”

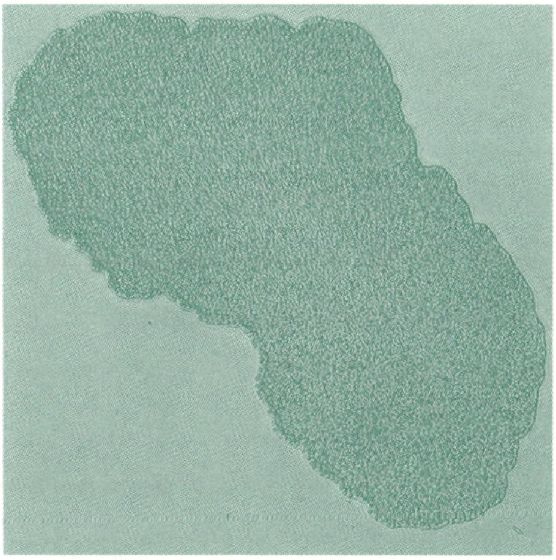

一个扁盘动物

我们和扁盘动物一样，都要吸收诸如糖、脂肪等营养物质进入体内。然后，我们或者将这些营养物质重新利用来建造和维护身体，或者将它们燃烧以释放能量从而为其他生命活动（很快就会提到）提供动力。建造与燃烧都会产生垃圾，前一种活动所产生的废物是蛋白质代谢过程中留下的含氮化合物，后一种活动所产生的废物是二氧化碳和水。

我们呼出二氧化碳——这是真正的排泄。扁盘动物是直接将二氧化碳推出体外的。至于含氮废料，人类的身体将其转化为毒性较低的尿素，并以液体废物——主要是尿的形式排出体外。多余的水我们也是这样排出体外的。鸟类和蜥蜴，为了节约水，也为减轻体重，会排泄固态的含氮废料，叫做尿酸，就是鸟便便里那些白乎乎的东西。鱼不需要节约水，所以它们排氨，氨是一种毒性更大的氮废料，不过有足够的水稀释就没问题。[1]

“鸟类和蜥蜴，为了节约水，也为减轻体重，会排泄固态的含氮废料，叫做尿酸。”

好吧，不把便便的事情细说一下，似乎有点不实在。粪便的棕色来自排泄过程，老的红细胞中富含铁的血红蛋白转化为棕色色素，在结肠内壁脱离。

那么植物是如何排泄的呢？植物与氮化合物的关系非同寻常，不需要把它们排泄掉。不过，植物的确要在夜间释放出二氧化碳。在白天，植物释放出氧气，这是光合作用产生的废物。

1　含氮废料的排泄。同样是1克的氮，若以氨的形式排出，需要0.5升的水；以尿素的形式排出，需要0.05升的水；若以尿酸的形式排出，则只需要0.001升的水。——译者注也就是说，当我们呼吸时，我们是在深深吞下植物的排泄物！

动物和植物都以各自的方式排泄。那么汽车呢？汽车也要排泄，它要排出废气。看来，汽车是愈来愈像活物了。

汽车还符合生命清单的下一项标准：呼吸。与排泄一样，人们对呼吸也存在着一种普遍误解。“呼吸”这个词常用来表示呼气吸气的过程。并非所有动物都会呼气和吸气，植物更加不会，但它们都是活着的。其实它们都有呼吸。

“呼吸”这个词准确的含义是：发生在每个活细胞中的一种化学过程。简单来说，呼吸是糖在氧化的过程中释放能量，为所有其他生命活动提供动力。用化学方程式写下来便是：

$$C_6H_{12}O_6 + 6O_2 \rightarrow 6CO_2 + 6H_2O + 能量。$$

这是排泄吗?

把这个化学方程式翻译成普通语言就是：1个葡萄糖分子与6个氧分子发生反应，生成6个二氧化碳分子和6个水分子，同时产生出一些能量。这是呼吸反应的一个高度简化的表达。若是这个反应如此的一气呵成，那么所有的生物都会瞬间爆炸。实际的反应过程相当复杂，涉及很多个步骤，少量可控地释放出能量。1930年代，科学家们弄清楚了这整个过程。其中最有名的是汉斯·阿道夫·克雷布斯[1]。因此这个过程有时也被称作“克氏循环”，所有的需氧菌都利用这个循环，利用氧气燃烧燃料产生能量。当然，生物也用其他办法来产生能量：沼泽中的细菌和

谁说没氧气就不行？

“这个过程有时也被称作‘克氏循环’，所有的需氧菌都利用这个循环，利用氧气燃烧燃料产生能量。”

1　汉斯·阿道夫·克雷布斯（Hans Adolf Krebs），德裔英国生物化学家，1900—1981年。于1937年发现了有氧呼吸中重要的柠檬酸循环，所以该循环又被称作“克雷布斯循环”或“克氏循环”，他也因此获得1953年诺贝尔生理医学奖。——译者注

在100米冲刺时的尤塞恩·博尔特[1]，都是在无氧的情况下燃烧燃料产生能量。对于博尔特来说，至少在很短暂的时间是无氧的。沼泽细菌会因此产生一些味道不太好的化学物质，博尔特先生可能多少也会如此。但在我们的例子中，这个短暂的无氧呼吸会产生乳酸，乳酸在肌肉中堆积，从而产生疲倦之感。比赛结束之后，深呼吸带入的氧气会将积累的乳酸燃烧掉。

在有氧呼吸过程中，二氧化碳和水被排出体外。动物通过食物来获取燃料，植物通过光合作用利用阳光中的能量来制造葡萄糖。汽车不燃烧葡萄糖，它用类似的东西——汽油。葡萄糖是己糖，是具有6个碳原子的糖。汽油主要成分是辛烷，一种每个分子中含有8个碳原子的化学物质。所以到此为止，汽车会移动，能够排泄和呼吸，生命特征的前三项都符合了。没关系，下一项一定能把它踢出去。

“MERRING”中的第二个R（Reproduction）代表繁殖。有生命的东西必须能够复制自己，或者至少创造出一个跟自己相似的版本。明显的，汽车不能繁殖。好啦！正如我们早就知道的，汽车不是个生命体。

“有生命的东西必须能够复制自己，或者至少创造出一个跟自己相似的版本。”

从某种程度上说，繁殖是死亡的原因。繁殖的方法虽然多种多样，但每一种都要消耗大

1　尤塞恩·博尔特（Usain Bolt），已退役的牙买加男子短跑运动员。博尔特是史上首位同时拥有100米（9.58秒）、200米（19.19秒）及4×100米接力世界纪录与奥运冠军头衔的选手。博尔特在胜利时喜欢做一个朝天射箭的姿势，呼应他意为“弩箭”的姓氏Bolt，这成为他著名的个人特色。——译者注

量的时间、能量和机会，这些都是从寻找燃料、维持身体这样的主要生命活动中抽取出来的。然而，如果不进行繁殖，不去尝试着制造自己的另一个版本，生命体很快便会失去生存的理由。这种根本性的驱动力是自然选择进化过程的核心，在自然选择中，适者生存繁衍，不适者被淘汰。

自然选择导致了一系列繁殖策略，一些确保长寿，另一些则相反。生物学研究者将这两个基本版本称为 r 选择和K选择。K的大写很重要，代表“Kapazität”，即德语词“容量”。德语的名词都是首字母大写的。小写的 r 代表“rate”，是英语里的“比率”。

如果你想知道的话，我可以明确告诉你：你是通过K选择的繁殖策略产生出来的，而且是很极端的K选择的例子。简而言之，K选择的繁殖策略，亲代生产很少量的子代，并投入大量时间和精力来养育它们，教导它们和保证它们的安全。一个人类的后代要依赖父母直到十几岁，大概很多读者都能证明，实际情况是比这还要长得多的时间。当然，生物学的基础一旦踏入人类社会的文化与知识领域，就会变得特别复杂和混乱，还是让我们走出人类社会，回到荒蛮的野外。

据说红毛猩猩是幼儿养育期最长的动物。鲸鱼、大象、老虎等动物由于体型庞大，因此幼儿需要特别长的时间才能发育成熟；红毛猩猩则归功于特别投入的父母，应该说是特别投入的母亲。父亲们与此事都是不太相关的。

一只红毛猩猩宝宝要与它的母亲一起生活7年，而且在此期间一直都有吃母乳。在这7年的时间里，猩猩宝宝学习如何安

“一只红毛猩猩宝宝要与它的母亲一起生活7年，而且在此期间一直都有吃母乳。”

全地攀爬树木，如何辨别最好的食物，在不同的季节去哪里寻找这些食物，如何搭建巢穴，以及如何与其他猩猩打交道。

红毛猩猩妈妈在这7年里只养育这一个孩子（当然，也可能是个双胞胎），与下次生育要相隔8年。这就是容量K之所指。K选择的策略是保持一个适当的出生率，令当地个体数量保持满负荷，即：个体数量取决于栖息地的容量。因此，雌性的平均生育率为2是最正常的了，也就是说，如果平均每个雌性一生有2个孩子，那么种群中个体的数量就可以一代代地保持不变。

“红毛猩猩养育一个孩子需要8年，而一条太阳鱼能一次性甩出3亿个卵。”

r选择的策略旨在突破极限，并将其推向破坏性的巨大数量。红毛猩猩养育一个孩子需要8年，而一条太阳鱼[1]能一次性甩出3亿个卵。这里给点背景知识，太阳鱼是海洋中最大的硬骨鱼，可以重达一吨，因常翻躺于水面晒太阳，所以叫太阳鱼。

每条雌太阳鱼产卵的数量如此巨大，是不是令人担心海洋里会挤满了这种大鱼？但是，没有哪里的海岸有挤满大鱼的景观，也没有一条远洋船只需要排开鱼群才能在海上航行。

事实上，太阳鱼相当罕见。海洋的承载能力——海洋所能

1　太阳鱼（Ocean Sunfish），也称翻车鱼、曼波鱼、月亮鱼。渔民常常看见它翻躺在水面如在进行日光浴。这种鱼体型巨大，长相怪异，尾巴短小，有着圆圆扁扁的庞大身躯，德国人叫它“游泳的头”。太阳鱼怀卵量极多，可达3亿粒，是鱼类中怀卵数最多的。——译者注

红毛猩猩与太阳鱼

容纳太阳鱼的数量——远远低于3亿条。每条雌太阳鱼的怀卵数超过了全地球太阳鱼的总数。

这是怎么回事呢？首先，并非所有的卵都受精。太阳鱼是体外受精，雌鱼在繁殖地排出卵子的同时，雄鱼也在此地甩出精子与卵子混合，可能会产生几百万个受精卵。

一个太阳鱼的受精卵孵化为只有2毫米长的鱼苗，鱼苗要长到成年，它需要长大6,000万倍。在雌鱼甩出的3亿鱼卵中，能够长到成年的比例极小，数量极少，大概只有一两条。

“一个太阳鱼的受精卵孵化为只有2毫米长的鱼苗。”

如我们所见，r选择中的r代表比率，太阳鱼的繁殖选择是着意在繁殖率，而非栖息地的容量。太阳鱼是在玩赔率。如果一个鱼类的种群，产出的卵子是它珊瑚礁里的邻居的两倍，那么它能长到繁殖年龄的后代，就是它邻居的两倍。这种胜在数量而非质量的竞争，生产出不可思议的卵子数量，形成r选择中貌似巨大的浪费。虽然产出如此大量的卵子需要巨大的能量，而且99.99%的卵子会在短时间内死亡，也就是几天或者几个小时，但太阳鱼可以比较确定它们的繁殖是成功的。同时，红毛猩猩一生中所有的繁殖希望，都寄托在仅有的两三个孩子身上。毕竟不管多么小心在意，在一棵40米高的树上养育婴儿都算不上多么安全的事。

生命满是类似这样的权衡与取舍。

汽车因为不能繁衍后代已经被踢出了生命的圈子，我们能不能想出一种能够满足上面4个生命标准的机器呢？汽车是由机器人制造的，当然不完全是，为了帮助阐明观点，权且让我

机器人在努力工作，它们是生命吗?

们假设汽车完全是由机器人制造的。在此基础上，不难想象一条生产线上的机器人在制造机器人，这可以说是最宽松的意义上的繁殖。那么这是 r 选择呢，还是K选择？这要取决于生产线的运行速度。或许生产线的运行速度是根据外部因素而定的，例如：零部件的供应，和其他生产线对机器人的需求等等。如果是这样，那么我们想象中的机器人便已经通过了生命清单的第4项测试。

“或许生产线的运行速度是根据外部因素而定的，例如：零部件的供应，和其他生产线对机器人的需求等等。”

第5项测试是“应激性”。从医学的角度讲，这个词描述了对刺激的过度反应。如果一个人挠你的脚，你就揍了人家一顿，旁观者可能将你描绘为“反应过激”。如果人家先揍了你，你才揍了他，那么旁观者便不会说你反应过激。当然啦，无论谁先揍了谁，都足以叫警察来啦。

在生物学范畴里，“应激性”是个比较粗犷的术语。我们需要缩写为首字母“i”来记住它。它在此处用来描述一个生物体能够敏锐觉察周围环境，并做出反应。也许你现在正是如此，有获取知识的快感，或者无聊地想打哈欠。（我希望是前者，并会一直这样希望着相信着。）

人体上布满了传感器，这么说毫不夸张。你的皮肤能够检测到热、冷和不同程度的压力，即使是微小的一股风所带来的触感。皮肤能以多种方式来对这些刺激做出反应，并且可以同时做出几种反应。比如指尖被针狠狠扎了一下，你的运动

“人体上布满了传感器，这么说毫不夸张。”

反应（即你的肌肉）会让你的手立刻缩回，血液冲向伤口形成一个临时凝块与外界隔绝。在皮肤的修复阶段，指尖会微微肿胀。这是因为指尖的血液量高于受伤之前，大量的血液过来帮助修复伤处，也来抵御那些通过伤口入侵而来的细菌。肿胀令伤处易感，让你随时想着在它愈合前要善加保护。若不照做，它会让你体验到“应激”这个词在文学上的含义：让人恼火!

以上只是人体如何对周围环境做出反应的一个例子。动物还使用眼睛、耳朵、鼻子、舌头、触角等器官，以及化学、热和电等传感器来收集周围环境中的信息。植物也会对外部环境

一只焦躁不安的蜘蛛

的变化做出反应，只是慢点儿。例如：我们清理棚屋或者整理粗糙的地面时，都可能会发现一些长长的苍白的植物茎生长在岩石、木板或者其他没有光线的地方。

“植物也会对外部环境的变化做出反应，只是慢点儿。”

一颗种子发了芽，它的茎会向着有光线的方向快速生长。这种最初的高速生长的能量来自种子和胚胎叶片中的油脂与蛋白质，不过植物还是需要尽快地得到光照。植物是通过细胞分裂而生长的（就像所有生命一样，这个后面还会讲到），不过单个细胞也可以通过拉长自己来帮助寻找光照。在黑暗的土壤中（大多数种子开始于此），细胞在光敏激素，即生长素的影响下变长。光会抑制生长素，所以在黑暗

> “一旦接触到光线，这种形式的生长就会变慢。”

中，植物的茎长得长而直。一旦接触到光线，这种形式的生长就会变慢。

植物接触到光线以后，虽然生长素受到抑制，但这个系统还在发挥作用。光线不会完全均匀地洒在植物上，所以阴影一侧的生长素的作用比光照一侧强得多。因此，阴影一侧的细胞长得更长，造成植物的茎向着光线的方向弯曲。这样，植物可以最大面积地接触光线，发挥其最大的生长潜力。这种随处可见的植物行为表明，不仅仅是动物才会对环境做出反应。

我们马上就说到头了。营养是下一项测试。我们已经触

植物朝向阳光

及这个问题，而且会在后面章节中讨论生命是如何获得营养的。所以在这里只简单说明一下，生命所需要的原料供应，大多数情况下归结为三大类：碳水化合物、蛋白质和脂肪。顾名

> “简单的碳水化合物是糖，如葡萄糖和蔗糖。”

思义，碳水化合物是由水与碳合成的物质（即水合碳）。简单的碳水化合物是糖，如葡萄糖和蔗糖。它们可以链接在一起制造出复杂的碳水化合物，如淀粉和纤维素。简单的碳水化合物主要被用作燃料，也可当作化学能量包，来制造或者分解细胞中的其他化学物质。淀粉是一种能量的储存形式，形成浓缩的一小团，可以打包收起，然后在需要的时候分解成更简单的糖类。与之相反，纤维素是一种结构物质。它包裹着植物细胞，使整株植物具有一定的刚性。

植物通过光合作用制造所需的碳水化合物，食草动物吃下植物（食肉动物吃下食草动物）来获取碳水化合物。动物使用淀粉的方式与植物大致相同，但纤维素在很大程度上是不可消化的。（食品包装说明上的“纤维”或“膳食纤维”，就是指这种东西。）

比脂肪更合适的术语是“脂质”，固态脂质是固体脂肪，液体脂质是油脂。脂质在体内具有结构性作用。包裹着细胞的细胞膜便是由精致透明的脂质膜构成的。动物还将脂肪作为长期储备的能量。脂肪的卡路里超过糖（它可以释放更多能

三种营养物质的图片

量），但使用起来更加复杂。

“动物脂肪往往是固体，与植物的油脂相比，化学性质上有一个简单的差异。”

动物脂肪往往是固体，与植物的油脂相比，化学性质上有一个简单的差异。你可能也知道，它们一个是饱和的，另一个是不饱和的。这是什么意思呢？让我们先来快速了解一下脂质的结构。把脂质的化学结构想象成一个海蜇，一个头部分子下面垂着三条由碳原子链组成的长酸尾巴。碳原子可以彼此结合或与氢结合。饱和脂肪的碳链被氢饱和固定下来。在不饱和的碳链中，碳链仅具有少量氢。氢使碳原子链粘在一起，并与邻近的脂质粘连起来。结果，饱和脂肪是蜡状固体，而不饱和脂肪是流动的油。在这里做个批注：替代动物脂肪黄油的固态植物黄油，便是由不饱和植物油脂制成的。将氢气灌入液体的植物油中，可将其转化为可涂抹的固态油脂。这个过程当然比如此说法复杂得多，但结果就是将不饱和脂肪变成了人工版本的饱和脂肪。我留给大家自己去琢磨，为什么人们要费心去做这件事。

最后，我们来看蛋白质。每种蛋白质都是由数千种称作氨基酸的小分子构成的。它们是搭建生命的乐高积木。生物世界有大约20种不同的氨基酸，它们有无数种排列组合的方式，每种排列组合便是一种具有独特性的蛋白质。蛋白质的结构是难以置信的复杂：主要结构是氨基酸主链，它通过自我折叠产生出错综复杂的结构，其精确的形状取决于氨基酸的原始顺序。

“肌肉蛋白的形状允许它们相互牵引，令身体产生力量和运动。”

所以，说到一个蛋白质分子，可比点一份由它构成的牛排复杂多了。蛋白质是生命过程中极其重要的工具。肌肉蛋白的形状允许它们相互牵引，令身体产生力量和运动。绝大多数酶都是蛋白质。它们的形状都完美地适合它们的工作。它们能够锁住或者吞下其他化学物质，根据需要将其解构、修改或者重组成新的材料。身体中使用的每种蛋白质都编码在基因中，记录在DNA（“脱氧核糖核酸”的缩写）里。这是否意味着：生命，说到底，只是一个巨大的化学反应？

营养的主要目的是生长，即生命清单的最后一项测试。所有的多细胞生物，如你、我、扁盘动物，以及成为这页书纸的曾经的树，都是从一个初始细胞中生长起来的。我们的生长是有蓝图和规划的。开始阶段，所有的规划都很相似，很快，我们就分道扬镳，以各自的方式生长。最终，成为你和我。

生长的目的是要达到能够繁殖的状态。扁盘动物不需要生长很多，它可以截下自己身上的一小块儿，就叫它“儿子”。那么单细胞生物呢？它们是通过分裂来繁殖的。对单细胞生物来说，生长与繁殖有什么区别吗？区别的确不大，如果我们执意要找，大概可以找到一个区别：性。

“扁盘动物不需要生长很多，它可以截下自己身上的一小块儿，就叫它‘儿子’。”

即便是最小的细菌也会进行有性繁殖。它们可以通过一分为二来增长数目，但它们也可以通过混搭它们的DNA来制造新的个体。这种性活动的产品不是原始父母的“生长”，而是一个新的、独特的个体的形成。

第一答

我们已经在这个问题上游弋了许久，是否接近答案了呢?让我们将生命的本质降低到最简单的形式来看看。2000年，一套新的生命的标准被提了出来。这次不用缩写了，因为标准只有两条：1）生命需要一个能够自我复制的分子；2）生命必须能够执行至少一个热力学反应循环。

第一条标准很容易确认。我们所有的细胞都有DNA。它们还含有RNA，RNA分子可以将DNA代码解码形成蛋白质。科学家们认为RNA（核糖核酸）比DNA更古老，更强悍。将RNA与它自己的构成成分——核糖、一些磷酸盐和一些酸——混合在一个烧瓶里，这些RNA便能够自我复制。它用自己的分子作为它的儿女的模板，来复制它自己。所以，像RNA这么“简单”的东西（它实际上是一个非常复杂的分子），都可以顺利通过生命的第一条标准。

“热力学反应循环是将一种类型的能量转换成另一种形式并同时进行一些工作的过程。”

现在来看第二条。热力学反应循环是将一种类型的能量转换成另一种形式并同时进行一些工作的过程。这里所谓的“工作”，是指分解了什么，产生了什么，或者移动了什么。这个语境中的“工作”来自物理世界。几个世纪以来，工程师们早就制造了能够工作的机器。事实上，第一台机器应该是手斧，它有一百多万岁了，比人类的出现还早。从工作的角度看，细胞和身体都是机器，好像钳子或是联合收割机。然而，只有细胞和身体这些机器是结合了生物领域——能够分子复制。那么最终，生命应该是一台能够复制和解读（但不一定理解）其设计蓝图的机器。

在这里，我们想象中的那个几乎算是活着的可以制造机器人的机器人，到达了它的突破点。我们可以继续想象一个机器人，以机械的身体模仿生化的身体。我们想象它可以调节自己的程序，获取自己的燃料和所需的原材料，并制造出自己的副本，它甚至可以设计新的变异，并对自己的设计蓝图进行调整。当然，这是科学幻想，科幻小说经常把这种机器生物设想成巨大的、活塞驱动的、耗油的金属怪物，还要浑身布满电线。问题是，我们今天使用的技术——计算机和引擎等——是否能够应对生命的挑战？或者，如果我们要制造人工的生命形式，它们的身体是否要用金属、塑料或其他无生命的材料制成？还是要用与我们自身相同的生物物质当作制作材料？如果是后者，那么它们还算是人工的吗？

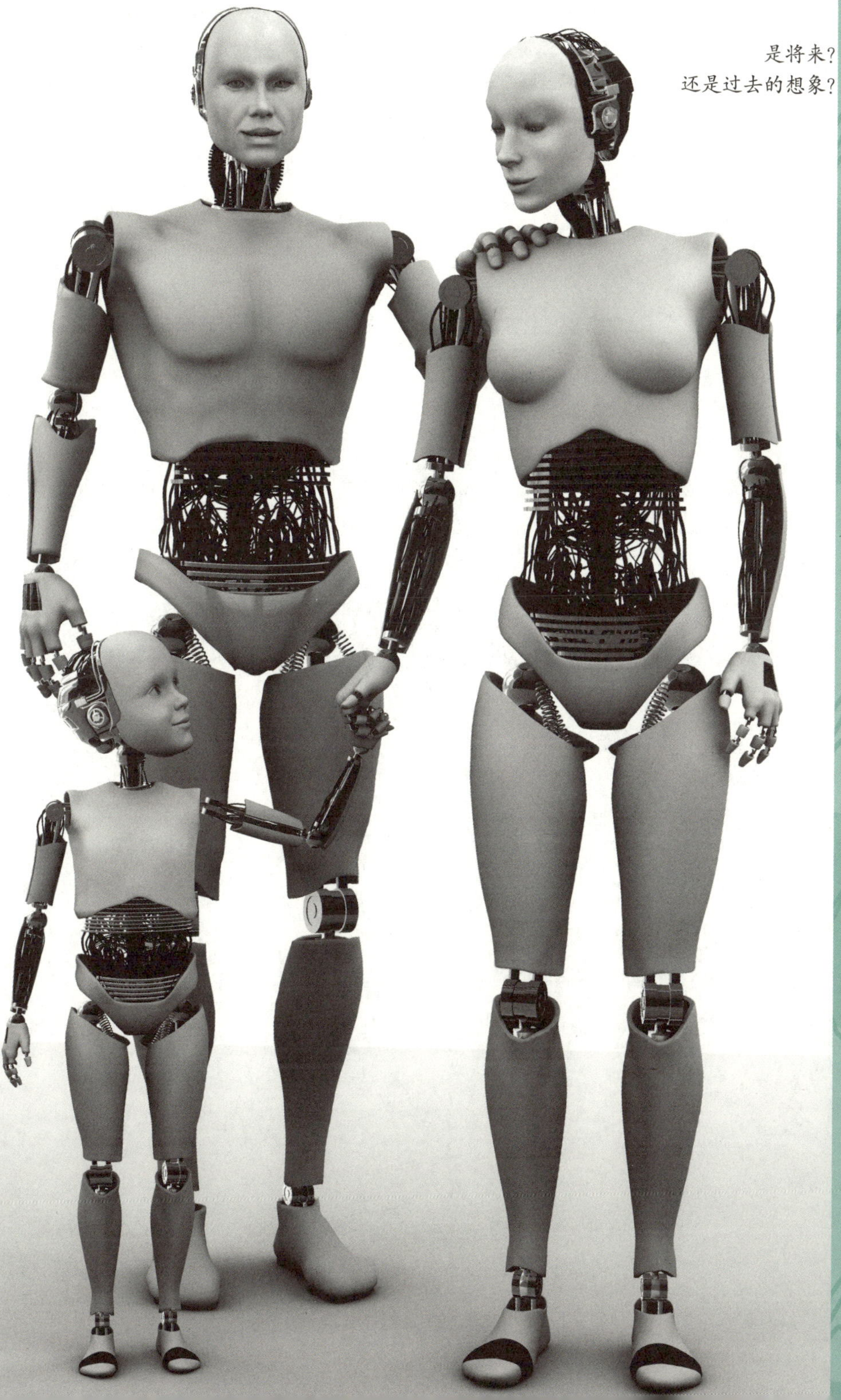

是将来？
还是过去的想象？

第二问

生命是否有多种存在方式?

粗略估计，自然界的物种数量在三百万到三千万之间，这是不是会让上面的问题，看着像是一个简单的问题有了简单的答案呢？这些物种，每一个都在其栖息地中占据一个独特的位置。它根据栖息地的情况，发展进化出一套特定的生存方式，善加利用栖息地特有的资源，并与邻近物种共存。每个物种都是一部巨大机器中的一个活动的部分，这部巨大的机器便是全

“每个物种都是一部巨大机器中的一个活动的部分，这部巨大的机器便是全球生态系统。”

球生态系统。所以，上面问题的答案便是：生命有数百万种生存方式，但确切的数字还有待研究。

我们也可以从另一个角度来回答这个问题。从这个角度看，生存的方式只有两种——两条截然不同的通向死亡的林荫大道：自养生物和异养生物。这两种生存方式的区别源自有机体获得能量方式的不同。这两个术语的中文名称直观地表现了这两种生物的根本不同。自养生物：自己养活自己的生物；异养生物：靠其他生物养活自己的生物。举个例子，你我都是异养生物。也就是说，你我的能量，是通过消耗存储于另一种生命体中的化学物质获得的，至少是曾经生存过的另一个生物体中的化学物质。

植物算是自养生物，藻类等单细胞生物以及大多数细菌都是自养生物。（地球上数量最多的生物是一种叫做原绿球藻的

细菌，它们生活在海洋中。生物学家猜测它们总的数量大约有3×10^{27}个之多！）

异养生物包括动物、真菌，以及大量的单细胞虫，如变形虫、纤毛虫或原生动物，还有不属于自养的细菌。

回看第一章中的生命清单：MERRING，这里所说的都与其中的第一个R相关，第一个R代表呼吸，是生物从化学燃料中获取能量的过程。这个过程很长，它涉及，或者说基本上是氧化反应的过程。燃烧也是一种氧化反应，它的生成物与氧化反应的生成物基本相同。

“所谓‘氧化’，这词的字面意思便是：一种化学物质在化学反应过程中因为加入了氧而发生了变化。”

生命过程中使用的燃料有好几种，为了方便解释，我们以最简单的一种为例：葡萄糖。所谓“氧化”，这词的字面意思

异养生物与自养生物的邂逅

葡萄糖是主要的生命燃料

便是，一种化学物质在化学反应过程中因为加入了氧而发生了变化。这么说是没错，但有些氧化反应是不需要氧的。要想全面地概括氧化反应，简单地说（或许并不简单，但的确更全面）就是：如果某物质在化学反应过程中失去了电子，那它就是被氧化了。

所以如我们所见，葡萄糖通过呼吸作用被氧化，生成二氧化碳和水。氧化过程同时释放能量，为所有生命提供动力。对我们异养生物来说，我们的重点便是：确保能够拥有，继而消耗葡萄糖（或像它一样的化学营养品）。然后，我们氧化它们，得到能量继续前行以获得更多的它们。这项活动包括了从一条变形虫吞下一只细菌，或一个真菌将它的消化液渗入周围环境并吸收死亡和腐烂物质释放的营养物，一直到我们在喜欢的餐厅预订座位，等等一长串从不雅到诗意的各种活动。

“顶级捕食者——鲨鱼和老虎之类——只吃其他异养生物，从其他动物的身体上获取自身所需的所有营养物质。”

我们是异养生物，而且是相当重要的异养生物，所以我们想象自己处于“营养”金字塔的顶部或顶部的附近。至于为什么说这是个金字塔，我们会在后面详细解释。基本上来说，异养生物是在一个等级结构中运作的。顶级捕食者——鲨鱼和老虎之类——只吃其他异养生物，从其他动物的身体上获取自身所需的所有营养物质。等级结构的中间部分是杂食动物。抛开我们对天然食物网的控制力，单就生物本性来说，我们人类应该属于杂食动物。杂食动物啥都吃，异养生物和自养生物都是我们的食物。当然，大多数动物只吃自养生物。我们称这类动

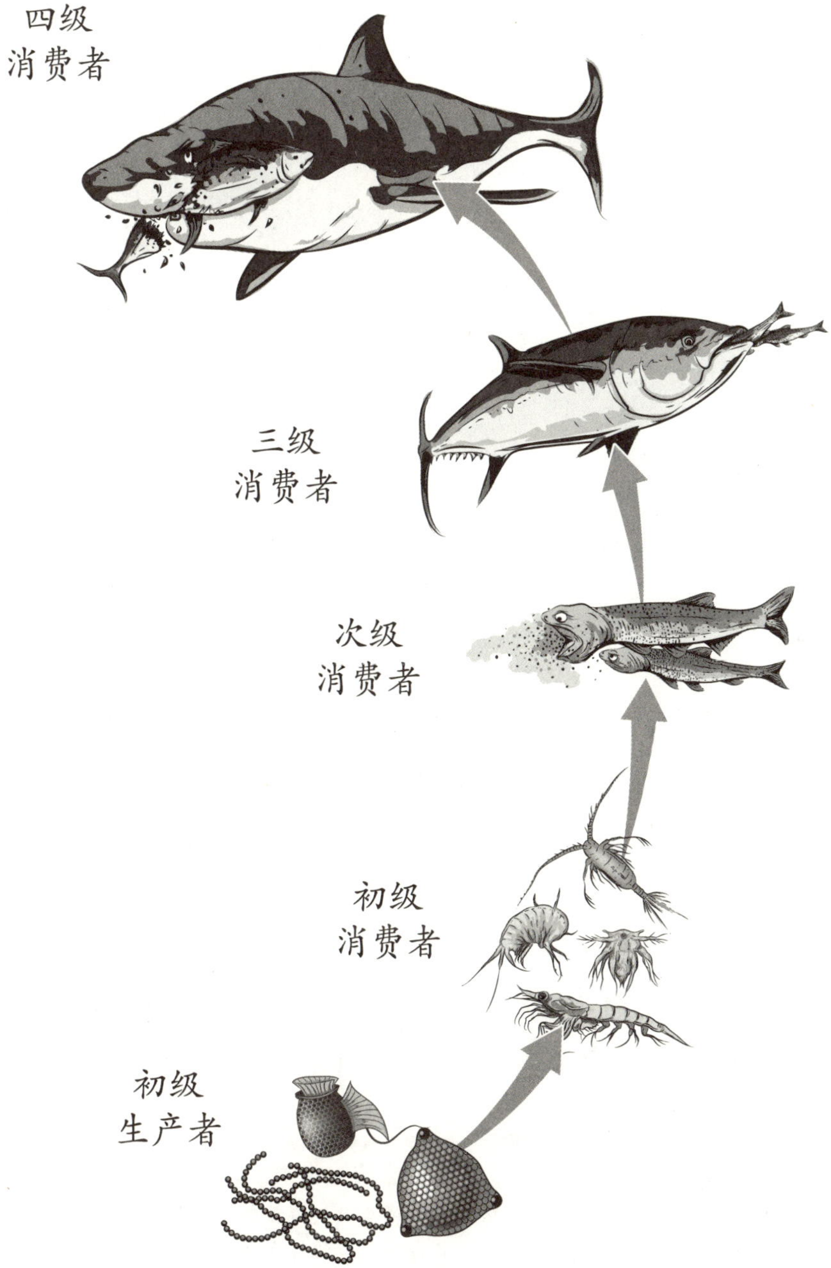

生物在食物链中占据着明星的位置，然而一切都开始于自养生物。

植物在进行光合作用

物为食草动物或生物学称之为初级消费者[1]。

在这里，眼睛雪亮的群众可能会发现一个点，所有的营养其实都源于自养生物——植物。因此，在食物链中，自养生物

1 初级消费者（primary consumers），生物学中的消费者是指在食物链上，以其他生物（或其尸体）为食以获得能量的生物。消费者通常都是动物。食草动物通过吃生产者（自养生物，即植物）以维持生命。生物学中的消费者有：食草动物（初级消费者）；小食肉动物（次级消费者，二级消费者）；食肉动物（三级消费者，或更高级消费者）。——译者注

被称为生产者。它们构成了营养金字塔的基础，所有的其他生命都建于其上。

那么自养生物有何特殊功能呢？除了能够在呼吸作用时氧化葡萄糖，自养生物还能够做一件与之相反的事，叫做还原反应。每次氧化反应都会有一个对应的还原反应。如同氧化反应的术语，让我们对还原反应这个术语也做一个词源上的解释。还原这个词来自冶炼术，矿石被“还原”成纯金属的形式。在熔炼反应过程中，矿石中的氧被除去。具体而言，是矿石中的氧与碳和一氧化碳反应生成二氧化碳。碳被矿石中的氧所氧化，同时矿石被碳还原。

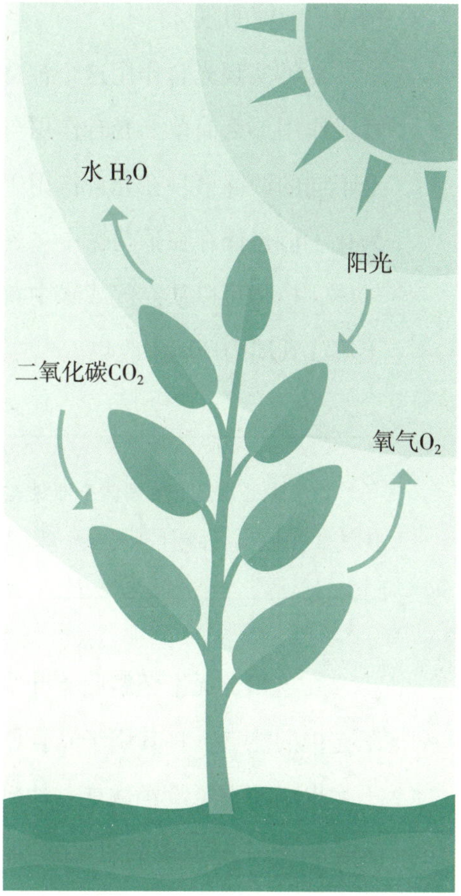

光合作用

那么自养生物到底还原了什么？目前，最常见的自养营养形式是光合作用，一个生物体在光线中捕获能量，用它来制造或合成葡萄糖的过程。光合作用这个术语的意思便是“用光来制造”。光合作用与呼吸作用相反。呼吸作用氧化葡萄糖生成二氧化碳，光合作用利用二氧化碳来制造葡萄糖（至少是制造构成葡萄糖的原材料）。

能够实现光合作用这个神奇反应的代谢途径，绝不是逆行呼吸作用那么简单。光合作用与呼吸作用大相径庭，它们是完全不同的两回事！在光合作用中，植物将太阳光中的能量转化为化学能量储存在葡萄糖中。光合作用的一个原料是二氧化碳气体，植物可以从空气或水中获取；另一个原料是水，可以从土壤或其周围环境中收集。

“在这里，无上荣耀归于叶绿素！这种绿色的色素，它捕获阳光中能量，将其用于光合作用。”

在这里，无上荣耀归于叶绿素！这种绿色的色素，它捕获阳光中的能量，将其用于光合作用。这个过程中的另一员主力干将也是功不可没：这是一种简称为加氧酶的化学物质，全名为核酮糖-1,5-双磷酸羧化酶-加氧酶，由于它的催化，才将空气中的二氧化碳固定在了葡萄糖中。

植物制造葡萄糖的目的，是为自身种群的存活和繁殖提供动力。继而受益的，还有整个动物王国和真菌王国。

光合作用其实并非自养生物王国中唯一制造储存能量的手段，而且它也不是最先被使用的办法。有些自养生物是用化学合成的办法，即：它们使用无机物合成营养物质以获得能量。光合作用还原二氧化碳，同时将水氧化，水分子被切成两半，生成氧气和氢。反应生成的氧气，作为废物被排放出去，让我们受了益。反应生成的高能量的氢，则继续参与后续反应，构成结构复杂富含能量的葡萄糖化合物。

化能自养生物用不同的方式获得氢。这些生物的栖息地都仿佛是化学物质的汤池，如火山池和通风口，甚至是在岩石内，这里蕴含着来自地球深处的天然气体，如甲烷或硫化氢。

化能自养生物之甜美家园

大多数光合作用是在海洋中进行的

这些天然气体取代了光合作用中的水，被氧化后释放出有用的氢。拿硫化氢这个最常见的化学合成能量反应的原料来说，反应生成的废物是硫，而不是光和反应生成的氧。与氧气不同的是，硫通常是固体，不能如氧气一般轻松飘走。所以化能自养生物，几乎全都是非常古老的细菌（或细菌的古代表亲），它们不得不将这些废物硫储存在它们的细胞体内。这个起跑线上的一点简单无害的差别，造成后来：一类只能永远是单细胞生物；另一类或长于陆地轻松高达几十米，或遍布海洋以数十亿计。

“这些天然气体取代了光合作用中的水，被氧化后释放出有用的氢。”

……虽然大多数种类的植物生长于陆地 ▶

第二答

我们已经看到了生命形式之间的两个主要的分歧：一切靠自己的自养生物，和利用了人家的慷慨的异养生物。（我们应该提一下，一些单细胞生物，能够既是自养又是异养的，仿佛科幻小说中的三尖树[1]，一边有太阳加着油一边吃着肉。）

虽然看起来自养生物似乎已经把它们的生存搞得简单明了，可以完全靠自己用最简单的原料来维持。然而，它们生活的区域却因此而变得非常有限。黑暗的深海是地球上最大的栖息地，但光合作用的生物永远不会跑到那里去安家。太黑了，没有光。而作为异养生物，哪里有食物它们就会在哪里出现。

“而作为异养生物，哪里有食物它们就会在哪里出现。”

化能自养生物赖以生存的，带有异域风情的化学物质汤，在地球表面并不常见。植物释放出来的氧气，极大地改变了地球表面空气和水的化学性质，令化能自养生物在地球表面的生存空间越来越稀有。然而，深入到地表之下，虽然我们不容易看到，但就在我们脚下的岩层深处，数量巨大的化能自养生物在生长繁衍着。

1　三尖树（triffid），是英国作家约翰·温德姆（John Wyndham）的科幻小说《三尖树时代》（*The Day of the Triffids*）中的一种植物。在故事中，这种能够提供燃料的植物，还嗜食人肉。——译者注生命形式之间的基本区别，主要是如何利用化学物质和天然能量来实现生命的目的。这些目的似乎与宇宙的整体规则背道而驰。宇宙总是走向冷漠、分散与混乱。而生命却要创造秩序，她是如何做到的呢?

第三问

生命是否打破了物理法则？

对生命与死亡的探索，由医学和生物学的一些分支所引领，主导了科学的研究方向，越来越走向户外。有些人走得更远，将生命科学融入对大自然的热爱中。对于大自然爱好者来说，其实也是对我们所有人来说，在冥冥天则中，有生命的东西占据着特殊的、优越的，甚至是神圣的位置。很少有人会说，不该对生命持有这种态度。但这就形成了一种观点：认为生命被一些特殊的，或是超自然的力量所统治，这种力量不受限于宇宙的规律。特别是热力学定律，便似乎不适用于生命。这会是真的吗?

“宇宙是一条单行道，不能走回头路。”

宇宙是一条单行道，不能走回头路。时间就是个最好的例子。我们和宇宙中的一切都在经历着时间的流逝。我们可能以不同的速度行进（别问为什么！），但总是朝着同一个方向前进，从过去，经过现在，到未来。

时间的脚步

我们都知道所谓“时间的箭头”，太阳在每个黎明升起，在每个黄昏落下，季节轮转，年复一年。我们都清楚地意识到，我们的生命只是时间轴上的一小段。我们出生，我们活着，到了那一刻，我们死去。

可是没有人真正知道时间到底是什么。如果你觉得你知道，请你帮我们把它写下来，但是它多半不会正确很久。便在下一个瞬间，时间已经流走了。哲学家们也很努力地想去定义时间。他们描述了三种时间工作的可能方式。第一种描述为，时间由未来事件、现在事件和过去事件组成。正如你已经猜到的那样，未来事件总会成为现在事件，然后成为过去事件。而过去事件则不太可能成为现在事件或未来事件。第二种描述是对第一种的调整：可以根据事物是之前存在还是之后存在，来对事物进行排序。在这两个描述中，存在了很久的事物，与刚刚存在的事物，是一样的真实。未来的事物也有可能已经存在了，但我们还是只能等等看。第三种观点认为，唯一存在的事物就是当下存在的事物。时间前行的每一步都在摧毁着导致这个事物发生的原因，它自己也会被自己的结果所摧毁。因为我们无法观察过去或未来，最后的这个“当下主义”理论，便是我们对时间体验的最佳描述。毕竟，过去和未来只存在于我们的记忆和想象中。

> “过去和未来只存在于我们的记忆和想象中。”

不过时间是可以被度量的。估计你每次迟到的时候都会深刻地感受到这一点。总的来说，宇宙的时间性，是熵的稳定增长。熵是物质混乱程度的量度。它与能量的转移密不可分。根据热力学定律，一个离散退化的系统的能量总是在减少，同时熵总是在增加。

物质稳定在一起是需要能量的，随着时间的推移，能量逐渐分散不再集中。曾经拥有能量的物质逐渐分裂走向越来越无序的状态。体现这一法则的一个常见的现象：热量总是从较热的物体传向较冷的物体，而非相反。

无论是发条钟、腕表，还是最新的原子钟，所有钟表都要先获得一些能量，然后以各自的方式消耗掉这些能量，从而计算出宇宙稳定地展开时熵的不可阻挡的上升。

“总的来说，宇宙的时间性，是熵的稳定增长。”

太阳的光与热，以能量流动的形式到达地球，温暖了我们这个绕着它转动的星球。这个能量支撑着地球上的生命，至少是绝大部分生命。光被自养植物和藻类捕获储存在它们体内，它们则成为我们异养生物的美味食物。（即便是啃石头的化能自养生物，它们吞下的化学营养物质，也是由某个恒星制造的，虽然那是个已经死掉的恒星，它在生命的最后几十亿年中制造了这些化学元素。）

能量来啦！▶

然而至少在地球上，事物的自然顺序似乎掉了个个儿。生命使用能量来创造秩序而非无序。葡萄糖分子的熵低于其各成分的熵。在呼吸作用时，葡萄糖释放的能量用于生产更加复杂和有序的结构。人说我们生于尘土又归于尘土，但在这两抔尘土之间的我们，是已知宇宙中最复杂有序的存在。

会不会是生命遵循着另外一套法则，不同于宇宙间其余的冰冷与死寂？有些人认为这显而易见的生命的奇迹，便是超自然力存在的证据，超越了科学的范畴。其他人则有不同的观点。他们认为：生命只是宇宙间众多可能现象中的一种。生命真的能碾压物理法则吗？无论答案是什么，有一点毋庸置疑：生命真的了不起！

“生命只是宇宙间众多可能现象中的一种。”

第三答

生命打破物理法则了吗？这个问题立刻就有一个否定的答案。没有什么能够打破物理法则。如果真的有，物理法则就需要被修改，把它们包括进来。物理学作为科学的基础，寻求找到宇宙运作的规则，要包括宇宙中的一切，那么也要包括如此的奇葩——生命。

> “热力学定律是针对一个封闭的系统来说的。”

然而，在这里物理法则并不需要被修改，便能解释生命处理能量的方式。热力学定律是针对一个封闭的系统来说的。没有能量进入或离开这个系统。一个发动机，要被切断燃料的供应，才能成为一个封闭的系统。这样的话，最终，实际上很快，它就会停止工作，因为失去了能量供应，它的部件便无法运作。同样的，当一个生命体无法使用能量时，也必将无法继续运作。

能量不能无中生有地被创造出来，也不能被毁坏而消失不见。自大爆炸以来，宇宙中的能量总量一直保持不变。我们所能看到的，只是能量从一种形式转变为另一种形式。其实这就是机器做的事，无论是机械的机器还是生物的机器。

能量有哪些种类呢？声音、热量、光线、运动、电等都是，还有很多，这些都是能量的不同形式。一台机器只是将一种能量形式转化为另一种，或者改变了这种能量作用的方式。杠杆是一种简单机器，将向下的运动转换为向上的运动。轮子将线性的运动转换为旋转的运动。发动机通过燃烧燃料将热能转换成机械部件的运动。植物将光能转化为糖分子的化学能。

一个永动机的尝试

每个曾经蹬车上坡的人，或者在长途行车休息时被汽车发动机罩烫过手的人，都能为以下事实提供佐证：即便是在最自然的过程中，能量转换的效率都不会是百分之百的。很多人曾经想象过，以百分百效率使用能量的技术奇迹。他们的目的是设计一台永动机，一种能够捕捉并回收其运动能量

“他们的目的是设计一台永动机，一种能够捕捉并回收其运动能量的装置，以此保持永久的运动。”

的装置，以此保持永久的运动。永动机的几种设计存在了很多年。永动机只要能被造出来，就能被发现有缺陷，虽然也不乏成功的忽悠真把永动机卖了出去。

永动机不成功的原因，便出在这个讨厌的热力学定律上。

在机器工作的每个阶段，都会有一些能量以热量的形式流散，就算热量依旧停留在这个封闭的系统中，但是不能为机器所使用了。为了使机器持续工作，必须要有能量从系统外部持续供应过来。

生物的新陈代谢过程也是同样的。光合作用，这个生物化学的奇迹，只有6%的效率！叶子的绿色是导致低效的很大原因。因为太阳光中的绿色（和黄色）光都被叶子里面的叶绿素反射掉了。叶绿素只吸收蓝色和红色的光。如果叶绿素能够利用来自太阳的所有颜色的光，那么植物的叶子就要是黑色的。

生物系统中的每个小动作都会导致热能的损失。一些有机体只在最佳温度下运作，因而要投入整个身体系统来维持这个温度。热了，我们必须排出多余的热量（例如通过出汗）；冷了，则必须想办法获得和保持热量。比如我们会起鸡皮疙瘩，这是为了使身体的毛发抬高，增加毛发层的厚度，以便在皮肤表面留住更多温暖的空气。

那么我们如何回答这个问题呢？生命是否打破了物理法则？首先，地球上的生命不是一个封闭的系统。生命的最初能量来自于太阳，而所有生命活动散发的热量最终流入外层空间，散入无尽的虚空。不过这股微小的热量会一直存在着，大

“在这里，无上荣耀归于叶绿素！这种绿色的色素，它捕获阳光中能量，将其用于光合作用。”

概有一天，会温暖到另一个拥有生命的星球，虽然不会令它温暖很多，但的确是可能的。

在一个行星的尺度上，热力学定律的确是完美地运行着。不过还是让我们来看一下，对于一个生物体而言的情况。将我们的注意力从植物移开，拿一个不起眼的异养生物来说，比如一只鼩鼱，这种小动物每天都要吃掉相当于它身体重量的种子。它能否将所有这些种子转化为能量用以更新身体部件呢？绝对不能够，否则这只小动物很快就会成为一个巨型动物。种子中含有的大部分能量，鼩鼱都是无法获得的，而且在它所获得的能量中，也有不少很快以热量的形式散失了。

> “种子中含有的大部分能量，鼩鼱都是无法获得的，而且在它所获得的能量中，也有不少很快以热量的形式散失了。”

小小的鼩鼱每天要吃超过体重的食物才能生存。较大动物的食物比例不需要这么高，因为它们散失热量较为缓慢，但整个过程大致相同。

靠吃鼩鼱之类小动物生存的猫头鹰和狐狸等，不需要吃相当于自己体重的那么多食物。它们自己的数量比它们的猎物也少得多。将复杂的食物链简化为一个大的图景，便容易看清热力学定律也同样适用于生物的领域。食物链中的生物层层递减，形成一个金字塔形。基层是初级生产者，如植物和其他光合作用生物，与所有异养生物的比例大约是1,000比1。往上一级是食草动物，它们能够利用到它们所消耗的植物食物总能量的10%。因此，每吨可食用的植物，能养活大约100千克重的食草动物。同样的比例适用于“营养”金字塔中的较高层。二级消费者（如我们这样的杂食动物）吃食草动物。那么，最初的1吨植物能养活大约10千克重的杂食动物。在金字塔的顶点是鲨鱼、狮子等顶级捕食者。算下来，只有0.1千克的狮子体重来自最初的1吨植物。

能量金字塔

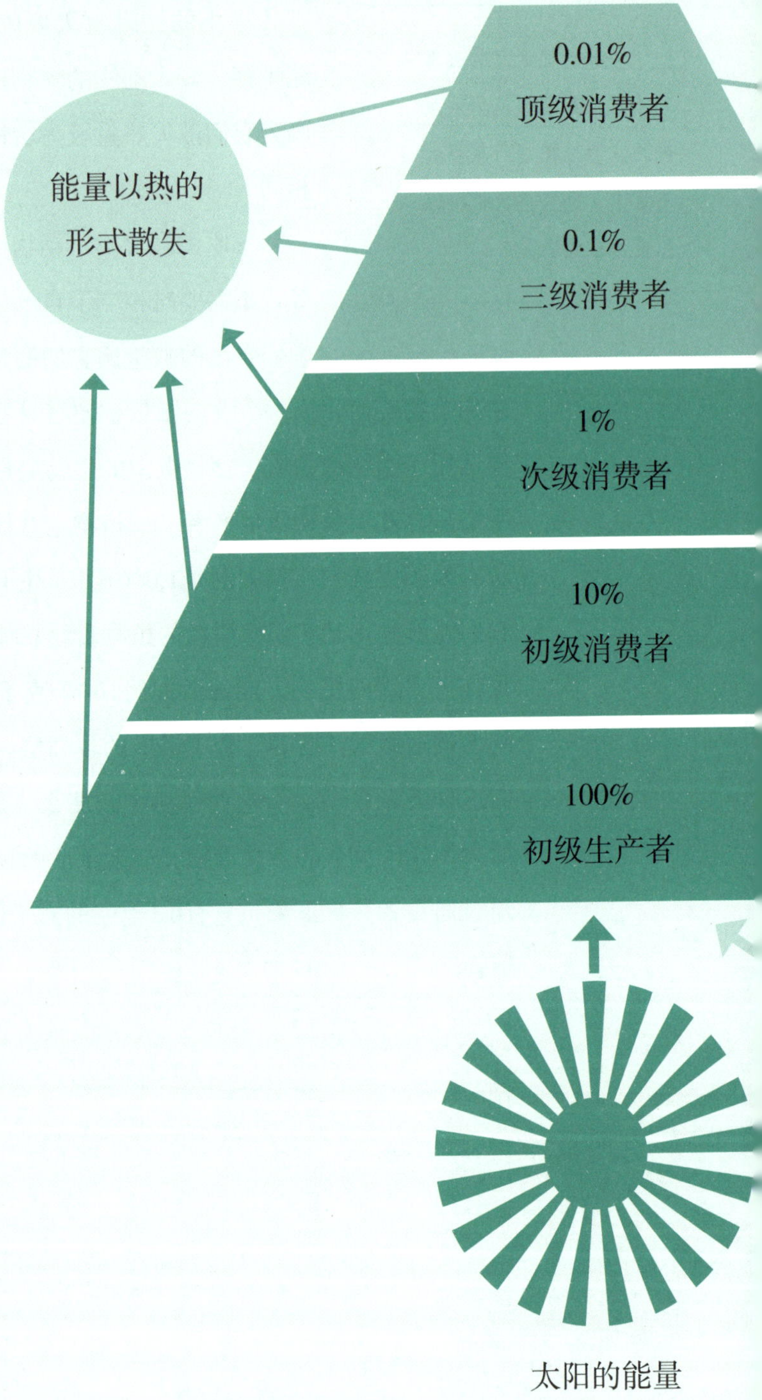
能量以热的
形式散失
0.01%
顶级消费者
0.1%
三级消费者
1%
次级消费者
10%
初级消费者
100%
初级生产者
太阳的能量

营养金字塔

营养金字塔同样也表明，食物的能量含量越往上会变得越集中。一只牛每年必须吃掉好多吨没啥营养的草料来维持其新陈代谢，食肉动物吃的却是更精致，更富含能量的食物。虽然营养金字塔间的能量流动没有违反热力学定律，但生命似乎真的是在无序中建立有序。难道这是只有生命才能做到的吗？

“虽然营养金字塔间的能量流动没有违反热力学定律，但生命似乎真的是在无序中建立有序。”

如果这么说的话，那你是不是认为你的冰箱也是个活物？冰箱是一个热泵的例子，热泵能够推动能量流向与能量自然流动相反的方向。当一个较为温暖的物体的热量，传播到一个较冷的物体上时，温暖的物体会变冷，这是能量自然流动的方向。冰箱热泵的作用则令其相反，它使用能量工作，令热量离开本来已经很冷的地方，让整个地方一直保持冰冷。一个活体是一种天然的热泵，它也能推动能量流向相反的方向，尽管时间很短。机械式热泵是在过去250年左右的时间里开发出来的。生命，这个自然的热泵，已经工作了很长时间。它们的背后都是相同的物理法则在起作用。

一个同你我一样的热泵

第四问

生命是如何开始的？

生命存在和延续的方式，现在已经广为人知了。每个生命体都要能够利用某种能量来实现自己的生命。那么，无论是在地球还是在未知的别处，生命这个复杂的系统究竟是如何产生的呢？

生命存在和延续的方式，现在已经广为人知了。每个生命体都要能够利用某种能量来实现自己的生命。那么，无论是在地球还是在未知的别处，生命这个复杂的系统究竟是如何产生的呢？源自化学和物理的生命科学是帮助我们回答这个问题的一个强有力的工具。以此来理解的生命，是一系列自我控制的化学反应，和由此而产生的一股能量流。因此，我们可以绘制出一条关于生命起源的理论路径，从简单的非生物化学物质，到转化为有着生命属性的复杂的化学结构。

这条理论路径确切的模样还在辩论和求证过程中，从原始汤、深海喷口、热岩，甚至到外太空等等，都是有力的辩方。就在不久之前，生命源自纯粹的自然物质世界的观点，还被认为荒谬绝顶。那时的普遍观点认为，生命是被某种“生命力”所驱动的，这股力量既不同于生物学，又还未见于其他基础科学。

> “那时的普遍观点认为，生命是被某种‘生命力’所驱动的，这股力量既不同于生物学，又还未见于其他基础科学。”

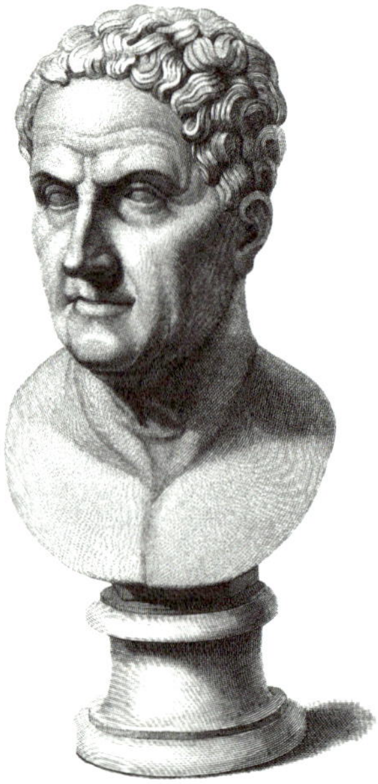
盖伦

这个想法源于医学的奠基人，公元2世纪希腊–罗马时期的医生盖伦（Galen）。他从解剖动物的经验得出：光是肢体不足以成为生命，还需要有个火花，也可以说是一股神圣的灵光或者生命力来点燃并维系生命。在1780年代，意大利医生路易吉·加尔瓦尼（Luigi Galvani），他从刚死去的青蛙腿中截获了一股电流，认为这股电流便是那个生命力的火花。他利用这个火花在各种动物的尸体上做了不少实验。这个“动物电”的发现具有极为重大的意义。它为电池、电路以及最终的各种电子设备铺平了道路。再加上对人体电流活动的研究，帮助我们理解了神经系统和大脑的运作。然而，生命真的需要一种特别的生命力吗?

“因此，化学不能替代生命力。只有生命才能合成有机分子。”

在1820年代晚期，一次简单的化学实验室事故，使“生命力”的概念在这一方视野里消失了。在此之前，按照化学家的分类：生物体内发现的“有机”分子及其衍生物，属于一类；构成自然界其余部分的分子，属于“无机”的一类。至此，有机化学物质一直不被视为化学工具。当有机化学物质暴露于超过生命允许的条件下时，例如，在实验室中加热时，它们会“变性”，屈曲成无生命的无机形式。因此，化学不能替代生命力。只有生命才能合成有机分子。

详细说一下那次简单的化学实验室事故。在1828年，德国化学家弗雷德里希·沃勒（Freidrich Wöhler）想试试看他能否制造氰酸铵。这是一种与致命的

弗雷德里希·沃勒

有毒氰化物有关的化学物质。它由氮、碳、氢和氧组成。沃勒在制造这种东西的过程中取得了一些成功，但他发现自己储存的化学品被尿素污染了。

尿素这种化学物质因尿得名。它是蛋白质代谢产生的有毒废物。蛋白质的代谢过程会产生对身体有害的含氮化合物，必须排出体外。这便是生物体排泄功能的主要作用。沃勒的无机氰酸盐自动地转化为有机尿素。如果说只有生命才能够制造出有机物，难道他的化学仪器成了生命吗？显然不是。有机和无机物质之间的障碍因此而不成立了，组成生命的化学物质也遵守着与其他物质相同的规则。

如果真是这样，那么就不需要那个神秘的“生命力”来

安托万·拉瓦锡在分析呼吸

实现生命了，化学也可以做到。现代化学之父安托万·拉瓦锡（Antoine Lavoisier）已证明：动物体内吸入氧气并释放出二氧化碳，就像木柴燃烧消耗空气中的氧气并产生二氧化碳一样。前者当然不是简单的化学反应，但身体的确是以同样的方式“燃烧”燃料来产生能量。

这些发现让生命走下了神坛，使科学家可以像研究天气或石头一样对生命进行研究。然而，生命的起源仍旧是个谜。尽管神秘的生命力从理论上消失了，有些问题还是要用一些古老的思想来解决。

“或是通过神圣之手，或是自然而然地产生，反正生命就是这样忽然出现了。”

从远古时代起，宗教和自然哲学就对生命的起源提供了相同的答案：或是通过神圣之手，或是自然而然地产生，反正生命就是这样忽然出现了。

然而，不光每个父母都可以证明自己的孩子不是忽然出现的，任何一种大型动物都可以这样说。这里的所谓“大型”是说不用显微镜就可以看到的动物。这些大型生物是通过“生物发生”而形成的。换句话说，它们的生命只能来自其他生命。这虽是事实，但对我们理解生命是在何处如何起源，真的没有什么帮助。

“在17世纪后期，新发明的显微镜拓宽了生物学的视野。”

在17世纪后期，新发明的显微镜拓宽了生物学的视野。显微镜一经产生，研究人员便通过它的目镜观察到了极微小的生命形式：微小的生物或者说是“微型动物”。这些微型动物，便是我们现在所称的变形虫、原生动物和细菌。

最容易找到微生物的地方，是在腐烂的食物、腐臭的汁液，或任何死去生物的残余物中。1800年代初盛行的理论是："生物发生"不适用于微生物。微生物是由生命所遗留的化学物质自发产生的，所以这一过程被称为"自然发生"，或"非生物发生"。

1800年代初有这样的理论并不奇怪，因为那时还没有达尔文，人们也完全不了解地球的年龄。那时，关于地球的年龄，自然历史只能追溯到几百年之外，而不是我们现在所知的亿万年。如果地球如此年轻，那么，生命是通过微生物"自然产生"而来的想法，也似乎说得过去。

然而，"自然产生"的微生物的名目列表，随着研究的深入变得越来越短。从真菌到细菌，研究人员一次又一次地追究各种微生物的生命周期，却一次又一次地证明它们是生物遗传的。换句话说，即便是细菌也有父母。

"在1860年代，达尔文的自然选择进化论全面改变了游戏规则。"

在1860年代，达尔文的自然选择进化论全面改变了游戏规则。根据他的理论，地球上的所有生命都由一个共同的祖先进化而来，它生活在很久很久以前，据我们现在所知，至少是在30亿年之前。达尔文解释说，生命一旦成功地开始了一次，便足够了。我们现在所拥有的生物的多样性，并不需要几种不同的生命形式在当初分别地独立地出现。自然选择的功能强大到足以从一个源头开始，慢慢形成后来的所有。此外，一种生命形式一旦形成，正是由于它的成功，令这个形成的过程无法重复。因为，无论是哪些资源使

生命来自太空吗？

> 但是，问题还是没有答案：那个古老的共同祖先到底来自何处？

生命的出现成为可能，这种原始的生命形式都会极有效地利用这些资源，使其他的生命形式根本没有机会在其之后出现。

一个合乎逻辑的答案是有机生命起源于无机物。在达尔文之前，就有些人提出，地球生物的祖先不一定源自地球。地球上的原始生命形式，或者至少是它所使用的复杂化学物质，

慢炖中的生命

例如DNA，有可能来自太空。这个颇为前卫的理论认为，地球的生命可能来自彗星内部的冰核，或者来自穿过大气层落在地球上的陨石内部。这个理论称作“泛种论”，即“宇宙撒种说”。这个理论听起来有点荒诞，但是，说到生命的起源，哪个理论不荒诞？哪个理论胜算大呢？如果化学物质要将自己排列组合成一个生物体大小的那么一堆，会有数十亿种排列组合无法形成生命，只有极少几种算得上是活物。然而，当我们将宇宙的规模和大小放入考量中时，那么再小的概率也有可能发生。或者说，它势必会发生。因此，在谈到生命起源时，地球生命来自太空之说，并非没有可能。

让我们先暂时放下“泛种论”（我们稍后再讲），看看另外一条产生生命的道路是否通畅，即：化学过程能否制造出第一个生物过程。如果可能的话，这应该发生在大约38亿年前的地球。在那时，地球已经冷却，足以形成永久的海洋。寻找生命起源的前提，是假设一个年轻地球的可能状态。在这个状态下，加入大量的时间，看看会发生什么。在此前提下，两个具有可能性的猜想产生了：一，生命是用汤煮出来的；二，生命是用石头烤出来的。

汤煮理论较先出现，它源于一个由物理学家哈罗德·尤里（Harold Urey）和化学家斯坦利·米勒(Stanley Miller)在1953年进行的实验。他们的想法是：建造一个没有生命的地球海洋的微型版本，在里面放入他们认为那时会存在的简单的无机化学物质。他们选择了例如二氧化碳、甲烷和氨，这些应该是当时在整个宇宙中颇为常见的化学物质。把它们全都混入水中，液态水在地球上非常普遍，但实际上在宇宙中却非常罕见。这种组合便被称为原始汤，米勒和尤里希望重现地球早期的状况，看有没有可能发生什么。

“棒棒糖”设备

实验是在一个叫“棒棒糖”的仪器中进行的。之所以这么叫它，是因为它的主反应室是一个圆形烧瓶和一些进出的管子，形状好似棒棒糖。原始汤料被泵入和泵出“棒棒糖”，绕着封闭环移动时，经历煮沸、搅拌、冷却，并模拟闪电进行电击。这是为了重现生命存在之前地球海洋中各种变化的条件。“棒棒糖”连续运行了几天。从外面看，透明液体变成了浑浊的粉红色，并出现残留物。一周后，米勒和尤里拿出了他们的实验产品进行研究。他们发现，很多原材料已被转化为常见的构成生命的化学要素，例如氨基酸和简单的碳水化合物。

这便带来了一个问题：如果将大规模的“棒棒糖”设备运行数百万年，会产生例如核酸链和蛋白质这样的复杂物质吗？

生命的基准是有一种自催化的化学物质。请回想一下我们第一章中讨论的生命清单。RNA分子能够利用周围水中的原材料成分复制自己。该过程称为自催化作用。催化剂是一种可以促成或加速化学反应的化学物质，也就是说，没有了它，该反应便不会发生，或者发生得非常缓慢。然而，该催化剂不会在反应过程中被用完。RNA是复制自身的化学反应中的催化剂。

"RNA分子能够利用周围水中的原材料成分复制自己。"

RNA是比DNA更坚韧强悍的物质。据推测，DNA是在细胞生命到来之后才进化形成的，这个后面还会讲到。因此，我们很可能都是一段RNA的后代。但是，RNA不大可能是原始汤中的第一种自催化化学物质（如果原始汤的理论正确的话）。

原始汤中可能存在着核酸的宿主，并且彼此竞争资源。这是最原始的自然选择，其结果是一个化学进化时期：这期间核酸通过突变增加了种类，又彼此竞争使一些种类灭绝。RNA，或者类似之物，与一些简单的蛋白质结合起来。这些简单的蛋白质也是在类似的化学进化的过程中演变而来的，与核酸结合后，起到了增强和保护核酸的作用，并且帮助其复制。这样的核酸在形式上更像今天的病毒（只是形式上像，并非功能）。

要记得：RNA（核糖核酸）是核苷酸的聚合物。换一种说法：RNA是由小单元的核苷酸组成的一条长链分子，这些小单元的核苷酸都沿着核糖分子的主链串在一起。RNA有四种核苷酸，不同的RNA分子中这四种核苷酸的排列方式不同。在其化

脱氧核糖核酸（DNA）与核糖核酸（RNA）的结构

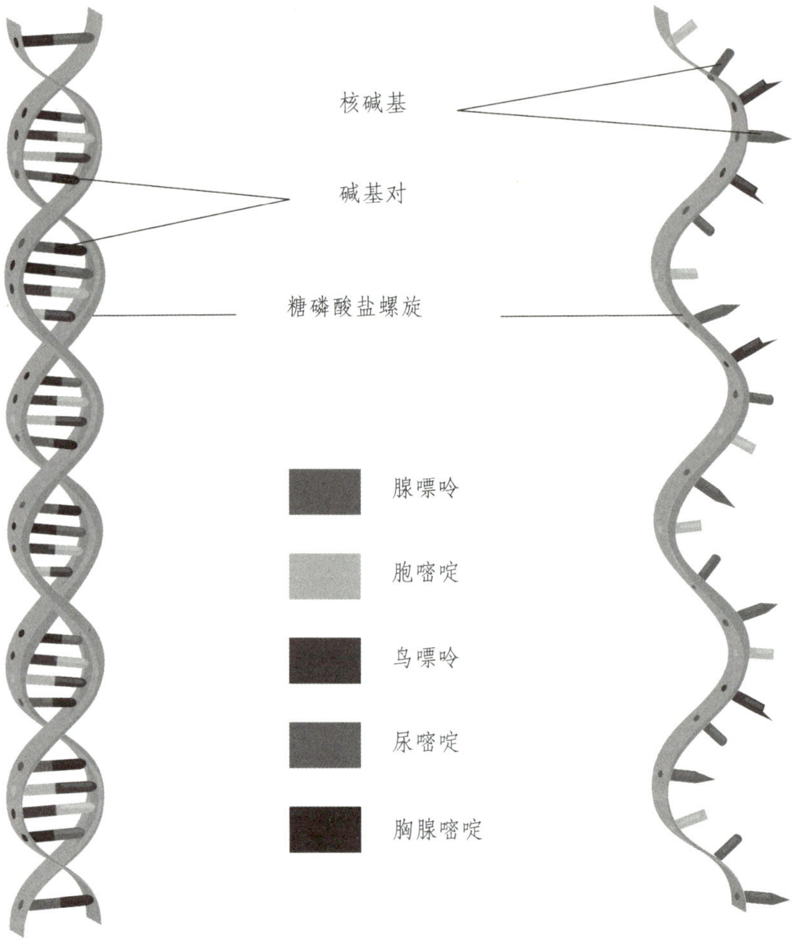

脱氧核糖核酸（DNA）

核糖核酸（RNA）

学进化过程中，核苷酸的序列与其蛋白质辅助分子的精密结构联系在了一起。RNA中核苷酸序列的变化或是突变，会导致覆盖在外的蛋白质的结构和形状产生变化。在大多数情况下，这些变化是一场灾难；很偶尔的情况下，变化推动了这个化学簇的演进。RNA的长链分子上的编码序列保留了下来成为基因。化学进化让位于遗传进化。

"RNA是由小单元的核苷酸组成的一条长链分子，这些小单元的核苷酸都沿着核糖分子的主链串在一起。"

下一步是将核酸包裹在一层脂质膜里，便可以在里面囤积资源。换句话说，一个细胞形成了。脂质（或者说脂肪）有一个非常有趣的特点：它的分子一半亲水，另一半疏水。一个细胞膜由双层的脂质分子构成。两层中，脂质分子疏水的那一半面对面连在一起，同时亲水的那一半也连在一起面向另一边，亲水的这一边是膜的外表面。这种膜比较脆弱，需要加入蛋白质来增强。最初的细胞很小，大概比人体细胞的千分之一都小，可能只有一米的几千万分之一。

与DNA不同，RNA无法形成双螺旋。DNA有可能在细胞进化之前就已经存在了，也有可能是在细胞出现后才进化出来的，以提高复制过程的准确性。双螺旋结构是保护遗传密码的好办法，因为遗传密码被遮蔽在分子的双链内部。长链的DNA，通常会绕成环状的质粒，质粒是RNA的表亲，不过质粒能比RNA更安全地储存更多的基因。然而，在解读和传递基因所包含的信息，以及制作蛋白质之时，强悍的RNA更适合一些粗糙和困难的环境。今天，我们人体的细胞也做着同样的事情：每个细胞核中的DNA是信息存储中心，而RNA以各种各样的方式，将这些信息转化为活生生的生物体。

“DNA有可能在细胞进化之前就已经存在了，也有可能是在细胞出现后才进化出来的，以提高复制过程的准确性。”

最早的细胞，说来更像我们现在的细菌，在产生之后进化了至少十亿年，才变得像我们现在的人体细胞。实际上，人体细胞仿佛那样的细菌细胞的一个团队，经过进化后可以在一个细胞膜内协同工作。为此，细胞膜需要掺入胆固醇分子，使其变得灵活而结实，从而使细胞的体积比它们的细菌祖先的体积大数百倍，甚至数千倍。（胆固醇对于许多人来说可能是一个持久的健康难题，但如果没有胆固醇，我们可能到现在还是细菌。）

这个团队建设活动，称为“内共生”，可能在生物进化的道路上发生了好几次。这无疑是罕见的。因此可以说，每个带有这种细胞的生物都起源于同一个祖先。其他团队没有走这么远。拥有这种细胞的生物称为真核生物，从低调的单细胞变形虫，到高大的橡树、蓝鲸等等，还有你我，都是真核生物。

> “拥有这种细胞的生物称为真核生物，从低调的单细胞变形虫，到高大的橡树、蓝鲸等等，还有你我，都是真核生物。”

较小、较原始的细胞称为原核生物。原核生物包括细菌，尽管它们的体积很小，但绝不容小窥。这个世界上所有细菌的总重量，相当于所有动植物的总重量！

你的祖先

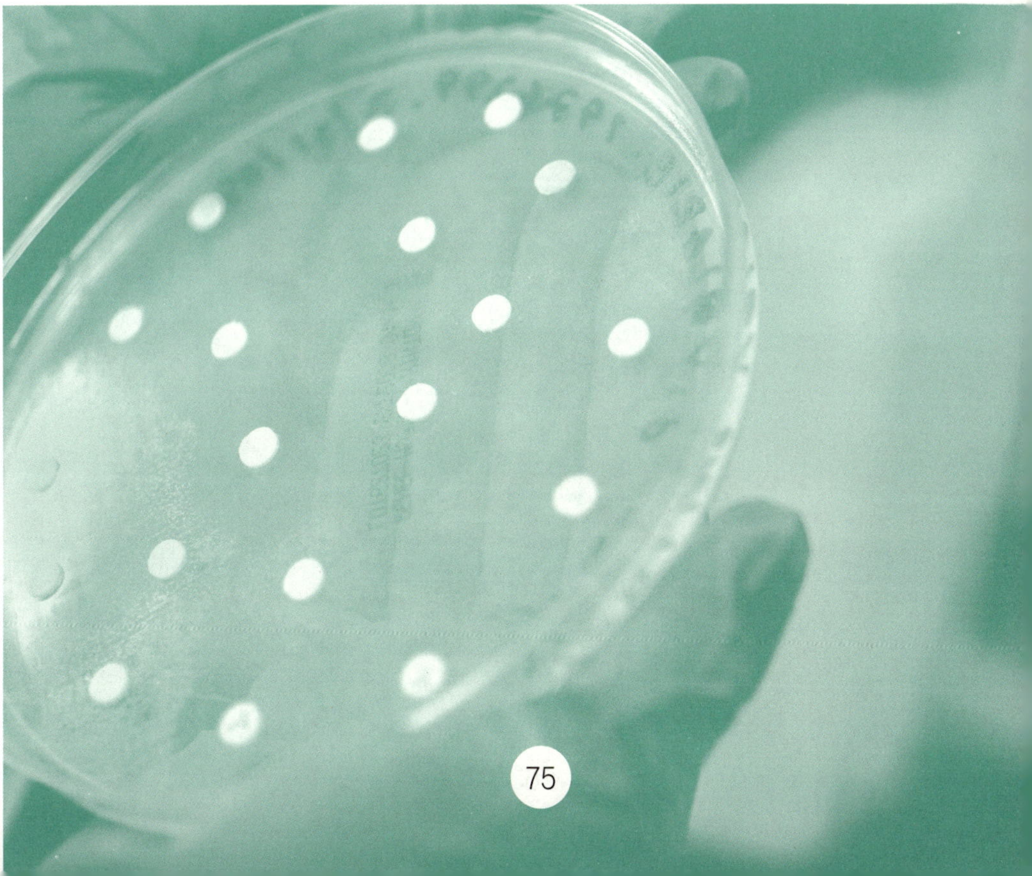

然而，细菌并非唯一的原核生物。1978年，人们发现了一种新的生命，被称作古细菌。虽然古细菌看起来像细菌，但是生物化学分析表明，它们早在细胞生命形成之初，便已经与细菌分道扬镳了。古细菌最先是在海底热液喷口涌出的水中被发现的。这些水非常热，足以把我们烫伤，但是古细菌却乐于生活在其中。所以这些有着奇怪癖好的“虫子”也被称为极端微生物，它们热爱极端的环境，通常生活在极端温度中、高盐含量的地方，以及其他不适合一般生命存在的地方。这使人们联想到生命开始进化之时，年轻的地球上的自然环境。难道这些极端微生物便是第一批细胞的直系后代存活至今吗？

第四答

1960年代，热液喷口首次在海底海床上被发现。它们是海底的热泉。那些渗透到岩石深处的水，在高压下受到地下深处的火山岩浆的加热，满携着化学物质的热水从海床的裂缝处喷涌而出，遇到寒冷的海水，释放出所携带的化学物质，产生黑色或白色的烟，号称“黑烟囱”和“白烟囱”。

海底热液喷口

加拉帕戈斯群岛附近的海底便存在着一些黑烟囱，1977年一些探险家拜访了其中的一个，他们在那里发现了一套全新的生态系统，在此之前绝不会认为那是可能的存在。这个黑烟囱处于午夜区，之所以这么称呼是因为阳光永远不会照射进来。那里总是黑暗的，利用光合作用的生命无法生存。深海的动物依赖“海洋雪”而生存，“海洋雪”是对尸体雨的委婉说法，是海洋透光层中已死的动植物被分解成的碎屑，像雪花一样慢慢沉降到黑暗的深海。当然，这个食物来源，归根结底还是太阳赋能的生态系统的成果。

“深海的动物依赖‘海洋雪’而生存，‘海洋雪’是对尸体雨的委婉说法，是海洋透光层中已死的动植物被分解成的碎屑，像雪花一样慢慢沉降到黑暗的深海。”

在深海热液喷口被发现之前，人们认为地球上的所有生命所获得的能量，无论追溯多么远，终究是从那个初级生产者将一缕阳光捕获在其细胞内开始的。但是，生活在深海热液喷口周围的动物是从另一源头获取能量的，化能细菌（或更正确地说是古细菌），它们利用火山水中的化学物质获得能量。

这个发现与另外一个结合起来，形成了关于生命起源的第二个理论。

大约23亿年前，地球的岩石开始发生变化。氧化物矿物，如赤铁矿（铁矿石）、红宝石和钙镁矿开始出现。这些东西的形成需要游离氧。氧气是一种非常活泼的物质，它通常会很快被化学反应固定下来。然而，有地质证据表明，氧气的供应一直持续着，直到氧气的比例保持在了大气层的20%左右。这些氧气来源于何处呢？它们来自生命本身。

“我们现在能生活在一个充满氧气的世界中，便是得益于此。但是，在这个‘重大氧气事件’之前进化的生物，当然没有像我们这样使用氧气。”

在那个时间，自养生物已经解锁了光合作用，并在此过程中改变了地球生物圈的化学性质。我们现在能生活在一个充满氧气的世界中，便是得益于此。但是，在这个“重大氧气事件”之前进化的生物，当然没有像我们这样使用氧气。实际上，正是氧气杀死了它们，这恐怕是世上所见的最惊心动魄的一场屠杀。

今天的生命所需要的原材料是二氧化碳、氧气、水、葡萄糖和各种矿物质等。光合作用之前的生物一定是用了除此之外的化学物质。会不会这些早期生命的形式，更像深海热液喷口附近的极端微生物，是靠氨、甲烷和硫化物等化学物质为生呢？

这便使原始汤理论受到了质疑。当我们将海洋视为生命的发源地时，它是发生在阳光可达的浅海中吗？这个发源地，应该就是寒武纪生命大爆发的所在地，它见证了现存的大多数动植物种群的进化。但寒武纪距今只有5亿多年，生命存在的时间可比这久远多了，而且，40亿年前的海洋远不如现在这么平静。早期的海洋有可能被大量流星的轰炸煮开过几次。当水一旦永久性地固定下来，它们是不是就会变稠，成了一盆充满益生元化学物质，随时期待化学反应的化学汤？或许在某些地方，这种汤是存在的，现在看来海床是其中的一个地方。

“生命存在的时间可比这久远多了，而且，40亿年前的海洋远不如现在这么平静。”

过去几十年中，人们集中研究了沉积物的作用，特别是黏土沉积物。这些材料可以将水和其他化学物质容纳在颗粒之间的微孔中，这便提供了一个巨大的表面积，增大了反应性化学物质相遇的可能。此外，深层沉积物在很大程度上可以免受地球表面动荡的影响。一些生物化学家现在认为，黏土沉积物是化学进化的生物反应器，它创造了适合RNA进化的条件，使最初的生命得以利用化学能来进行新陈代谢，正如今天的极端微生物所使用的方式。

可能寻找生命是如何在地球上起源的最好方法，是在地球以外的地方寻找生命。极端微生物的理论表明，生命并不一定必须繁衍于一个与地球一样的地方，或许我们会在各种地方找到生命的证据，或许有些地方并不遥远。

生命的摇篮?

第五问

地球是唯一拥有生命的星球吗?

我们因电信文明产生的喧嚣声一直在向外层空间泄漏飘散。有人接收到它们了吗？人们常说，阿道夫·希特勒（Adolf Hitler）在1936年柏林奥运会开幕式上播放的电视广播，其信号强大到足以穿越大气层进入太空。那些黑白图像，细看仿佛黑白的颗粒，是否将人类存在的证据带入了深空?

"要使信号能够到达下一个恒星系甚至更远，需要有目的地发送，要形成一束强大的定向波束。"

是的，从技术上讲，纳粹广播的信号足够强大，可以进入太空。但是其设计的目的，并不是要将信号传送到很远的地方。信号的微弱痕迹早已消散到太空的背景中。要使信号能够到达下一个恒星系甚至更远，需要有目的地发送，要形成一束强大的定向波束。那么，我们要在那样一束波中，向星星传达怎样的信息呢?

在1974年，一些有关我们人类的信息，如DNA、太阳系和我们的数学系统等，被合并为图片信息。按照1970年代的标准来说，这些图片是高科技的，看起来有点像太空入侵游戏的视频。制作这些图片需要某种程度的简单性，以便接收到这些信息的智性生命可以弄明白我们想要传达的内容。带有这些图片信息的信号，从波多黎各的阿雷西博射电望远镜发射出去。这个望远镜是个令人一见难忘的巨大无比的碟子，它建在丛林中的一个大坑内。阿雷西博射电望远镜朝向大力神星座中的一簇恒星。这簇恒星距离我们有2,200光年，意味着这些信息将在4174年到达那些星星。如果那些星星中真有我们的同知，而他们也立刻回信，那么我们应该在6374年收到他们的来信。

给外星人发信息

几年前，一个多力多滋玉米薯片（Doritos）的广告，被发送到大熊星座（北斗七星所在的星座）中的一个新发现的行星系中。

就算看到广告后外星人真的想吃玉米薯片，他们恐怕也很难收到地球的送货。当今最快的太空飞船的速度也仅有无线电信号速度的1/20,000。那么，飞到距太阳最近的恒星也需要80,000年。

所以眼下的问题便是：如果宇宙中存在着其他智性生命，我们真能与他们展开联络吗？他们能回应我们的信息吗？我们与他们真的有可能见面吗？有些太空科学家从一开始，就不建议发送高级的电信到太空。如果这些信息被有能力破解并做出反应的外星人所截获，那么这些外星人可能拥有比我们先进得多的技术。自1890年代以来，我们一直在研究无线电波。虽然到现在，我们的科技已经向前发展了很多。不过也许星空间早就有了星际广播网络，只是我们的天线还不能够接收到它。一个有能力接收到这些信息的文明，应该也有能力轻松地将我们消灭。也许他们并不想把我们消灭掉，可我们干吗要冒这个险呢？

也有些人说，在太空中找到我们的朋友（或是敌人）的可能性很小。文明来了又走，大伙儿别忘了，连我们的太阳都不是永远燃烧的。就算智性生命在宇宙中是普通的事（还有一大堆相反的理由），一个在合适的时间合适的地点能够给我们回信的文明，它出现的机会也相当渺茫。

当然，外星人可不只是那些在太空旅行的绿色小矮人。绿

复杂的碳结构

色的黏液就足够了，只要是活着的。

“天文学家提出了一个全新的科学领域来研究地球以外的世界的生命，该领域被称为外空生物学领域。”

天文学家提出了一个全新的科学领域来研究地球以外的世界的生命，该领域被称为外空生物学领域。但目前还没有外空生物学家，因为我们还没有发现任何外星生命。寻找外星生命是另一队人马的工作，他们是天体生物学家。

当在整个宇宙中寻找外星人时，我们从哪里开始呢？最初的假设是，生命必须以碳为基础，而且要有液态水。

地球生命是以碳为基础的，围绕着碳原子的一系列化学反应表明，所有生命都必须以碳为主要元素。碳是元素周期表中第四主族的第一个成员（也有的版本称其为第14族）。作为第四主族的成员，一个碳原子可与其他原子形成四个化学键。但是，它不限于四个单键，它也可以与某些原子（主要是其他碳原子）形成双键甚至三键。这种灵活性允许碳分子形成链、环和更复杂的三维支链网络。

分子的特性不仅仅来自构成它的原子，还有它的形状。碳尤其如此，即便是碳原子之间，都可以有很多很多种不同的排列组合的方式。因此，在化学分类中的1,000万种化合物当中，有900万种是碳基化合物。生命所需的约5,000种化合物中，只有250种不是碳基的。

"生命所需的约5,000种化合物中，只有250种不是碳基的。"

第四主族中的其他元素有硅、锗、锡和铅。它们都可以在一个分子中形成四个键，那么生命为什么不能是铅基或硅基的呢？原因在于碳原子比其他原子小得多，所以它们能够结合得非常紧密，在生命体内的巨大化学结构中保持牢固和稳定。在某种程度上，硅（同族中第二小的元素）也可以形成链和支链分子。它们是硅烷，类似于丙烷和丁烷，是打火机和野营炉中的原料。然而，硅键的强度不足以将数十个分子结合在一起，更不用说数百万个原子了。

因此，碳是唯一的选择。万幸的是，我们周围的碳资源很丰富。即便是最普通的恒星，也会在它生命的后几十亿年中产生出碳这种元素。

地球上的水资源当然也非常丰富。水的氢元素是在大爆炸中形成的，水的氧元素是与碳元素一起在恒星中产生的。但是，液态水是一种难以捉摸的物质。目前在我们这颗星球之外，还没有在任何其他地方直接观测到液态水的存在。据推测，在太阳系的深处有可能存在着液态水，这个我们会在后面讲到。

天体生物学家从地球汲取灵感，利用地质、化学和生物学中的知识，希望找出地球之外可能存在生命的地方。太空旅行的局限性意味着天体生物学家不大可能在太阳系之外寻找，但也不用太惊讶如果听说他们已经在我们的太空邻居中，选中了几个大概可以容纳生命的地方。

地球处在所谓的“恰到好处”[1]的轨道上。它既不是太热，也不是太冷，所以表面上恰好存在着液态水。太阳系里只有这么一个恰到好处的位置被地球占据着，太阳系其他星球的表面

1　恰到好处(Goldilock),有时也音译为“古迪洛克”,或直译为“金发姑娘”,语义为“恰到好处”。古迪洛克原则（Goldilocks Principle），或金发姑娘原则，即恰到好处的原则。源于英国作家罗伯特·骚塞的童话故事《三只熊》，讲的是一位名为Goldilock的金发女孩进山采蘑菇，不小心闯进了熊屋，趁着熊爸爸、熊妈妈和熊小孩外出还没有回来，金发女孩把厨房里各种好吃的东西一扫而光，然后舒适地躺在熊的床上睡着了。被金发姑娘霸占的房子中，每个熊都有自己偏好的床、食物和椅子。在偷吃过三碗粥、偷坐过三把椅子、偷躺过三张床后，金发姑娘觉得不太冷或不太热的粥最好、不太大或不太小的床和椅子最舒适。恰到好处原则，广泛地应用于心理学、生物学、天文学、经济学和工程学。在天文学里面是指：适居带和恒星的周边才有外星生命的存在。地球殊异假说利用了这个原理的一部分，认为行星离恒星和银河中心太近或者太远都无法发展出像人类一样的生命形态。在过热或者过冷的场合甚至不会有生命出现。和地球生存条件一样的行星就叫金发姑娘行星。——译者注

恰到好处，对于生命

都没有液态水。金星太靠近太阳了，所以水都蒸发了，以气态的形式存在。（金星上的确会下雨，但那雨是浓硫酸，很少会一直降落到地表。）水星被酷热的太阳风吹扫着，而且它也太小了，保持不住大气层。水星的运行轨道十分奇特，它的一个白昼比它的一年更长，这使得水星表面的一些陨石深坑处于永远的阴影中，所以，即便水星的位置很靠近太阳，表面干枯，但在它那些永不见光的寒冷的深坑之中，水可能会以固态冰的形式存在着。

“地球处在所谓的‘恰到好处’的轨道上。它既不是太热，也不是太冷，所以表面上恰好存在着液态水。”

在运行轨道比地球更外围的星球上，冰更常见一些。长期以来，火星一直被认为是最有可能存在着外星生命的地方。在异想天开的前现代时期，人们幻想着，金星是个热带天堂，居住着简单可爱的金星人；而火星则是强壮坚韧的斯巴达人的家园。火星人为了在这个红色星球上生存，他们必须勤奋、有组织和好战。

1877年，意大利人乔瓦尼·斯基亚帕雷利（Giovanni Schiaparelli）抓住火星靠近地球的机会，对它进行了很好的观察。他根据自己的所见，绘制了一张火星表面的地图。当这份资料以英文出版时，他标签上的“渠道”一词被翻译成“运河”，即：人工水道。这个错误引发和拓展了天文学家和广大公众的各种想象力。英国作家赫伯特·乔治·威尔斯（H. G. Wells）以此为灵感，在20年后发表

红色星球上的家园

了《世界之战》[1]一书，将火星人定位为太阳系的恶势力，成为未来三代地球人的假想敌。与此同时，美国富商珀西瓦尔·洛厄尔（Percival Lowell）在亚利桑那州弗拉格斯塔夫（Flagstaff, Arizona）建了一座天文台，用以观测火星，搜寻更多有关火星人的证据。（虽然洛厄尔没有找到火星人的踪迹，但是在他死后，他的这座天文台发现了冥王星，被定为太阳的第九颗行星。）

在意大利人斯基亚帕雷利观察和绘制火星地图之后不到一个世纪的时间，海盗号着陆器[2]抵达火星表面，发现那里是一片寒冷、毫无生机的沙漠。

尽管如此，人们还是认为：火星的大气层与过去年轻的地球相似，并且有证据表明液态水曾经在火星的地表流淌。二三十亿年前，生命的创造过程，有可能在地球与火星上同时进行着。现在，火星更像是一颗毫无生机的星球，但并非不可

1 《世界之战》(*The War of the Worlds*)，是英国小说家赫伯特·乔治·威尔斯在1898年发表的一部科幻小说。小说中对火星人外形、武器、科技和文化的描写，都成为后来的星际科幻小说的基础与经典。这部小说产生了一系列衍生的文艺作品，我们较为熟知的有2005年上映的同名电影，由斯蒂芬·斯皮尔伯格执导，汤姆·克鲁斯主演。——译者注

2 海盗号着陆器（Viking landers），中国天文学名词委员会将“Viking”翻译为“海盗号”。也有译作“维京号”的。海盗号计划（Viking program）是美国国家航空航天局（NASA）1970年代继旅行者深空探测器的成功后，又一雄心勃勃的火星勘测计划。包括两个无人空间探测任务：海盗1号和海盗2号。每个航天器拥有一个用于从轨道上拍摄火星表面、运载着陆器以及进行与地球通讯中继的人造卫星。海盗号计划结束于1983年5月21日，是火星探测史上最昂贵的计划，共耗资10亿美元。也是2000年代前最成功、提供信息最多的火星探测计划。——译者注

能，那些早已作古了的火星生命的痕迹还被封存在化石之中，只是没有被探测火星表面的火星车发现而已。

"二三十亿年前，生命的创造过程，有可能在地球与火星上同时进行着。"

除此之外，外星生命还有可能是非生物成因的，存在于化学物质富集的沉积物中，正如我们推测曾经发生于地球上的那样。具有这种可能性的地方主要是：木卫二[1]，木星的卫星之

1 木卫二（Europa），又称为"欧罗巴"，木星的天然卫星之一，由伽利略于1610年发现，不久之后又由西门·马里乌斯（Simon Marius）独立发现。刚刚发现木卫二的时候，马里乌思将之命名为欧罗巴，希腊神话中美丽的腓尼基公主。当时这个命名并未获得天文学家认可，早期的文献中多以位置编号将"欧罗巴"称作"木卫二"。后来，越来越多的木星卫星被发现，"欧罗巴"的位置排到了第六，但编号名仍然承袭下来，亦通行以"木卫二"指称"欧罗巴"。木卫二比月亮稍小，与类地行星相似，即主要由硅酸盐岩石构成，可能是一个铁-镍核心，它的表面由水覆盖，据推测厚度可达上百公里：上层为冻结的冰壳，冰壳下是液态的海洋，有稀薄的大气层，主要由氧气组成；表面有大量裂缝和条纹，而陨石坑比较罕见，表面起伏不大。据猜想，木卫二的冰下海洋中可能有生命存在，其生存环境可能与地球上的深海热泉相似，其生命的形态可能类似于地球上的某些化能生物。——译者注

一；以及土卫二[1]，土星的卫星之一。

“木卫二欧罗巴的个头很大，只比咱们的月亮稍小。”

土卫二恩赛勒达斯的个头很小，放在西班牙的版图上就绰绰有余。木卫二欧罗巴的个头很大，只比咱们的月亮稍小。木卫二和土卫二都是冰皮卫星。它们的表面不是岩石，而是被冰壳覆盖的。在它们俩的表面，飞行探测器都观察到有间歇泉喷射出的强劲水柱。也就是说，这两个卫星都有内部热源，因此才能够驱动这种火山水热活动。这也意味着，在冰壳下面隐藏着液态水的海洋，在海洋的下面是富含化学物质的岩石核心。

土卫二上的海洋比较小，约10千米深，位于南极周围。木卫二的海洋，包裹着整个星球，据计算，这里海洋的体积总量超过了地球海洋的体积总量。最令天体生物学家好奇的是，这两个卫星的热液喷口是否位于它们的海床上？如果是，那么它们的周围是否出现了生命？

要找出来这两个问题的答案是一项艰巨的任务。首先需要发送着陆器到每个卫星上，着陆器的一半是太空飞船，另一半是个钻机。如果要钻进数千米的冰下，那就太困难了，这个难

1　土卫二（Enceladus），又称为“恩赛勒达斯”（希腊神话中的巨人），是土星的第六大卫星，于1789年为弗里德里希·威廉·赫歇尔（Friedrich Wilhelm Herschel）所发现。以巨人为名的土卫二其实很小，旅行者号显示其直径约为505公里。2014年，美国国家航空航天局宣布，卡西尼号发现了土卫二南极地底存在液态水海洋的证据，海洋厚度约为10公里。2015年NASA根据卡西尼号的探测数据确认，土卫二表面冰层下面拥有全球性海洋，而且海洋的底部有水热活动，即存在海底热泉。因此，土卫二是寻找地外生物的最佳地点之一，是天体生物学中极为重要的研究对象。——译者注

度我们在地球上就有体会。所以天体生物学家建议，钻探的地点要选在那些有裂缝的区域，这些地方的液态水可能会比较接近表面。

即便我们的探测器有可能到达外星海洋，还存在着另一个风险：地球上那些顽强的小生命有可能附着在探测器的某处，

“地球，这颗拥有生命的星球，是宇宙间的平常事，还是稀罕事，抑或是唯一之事？”

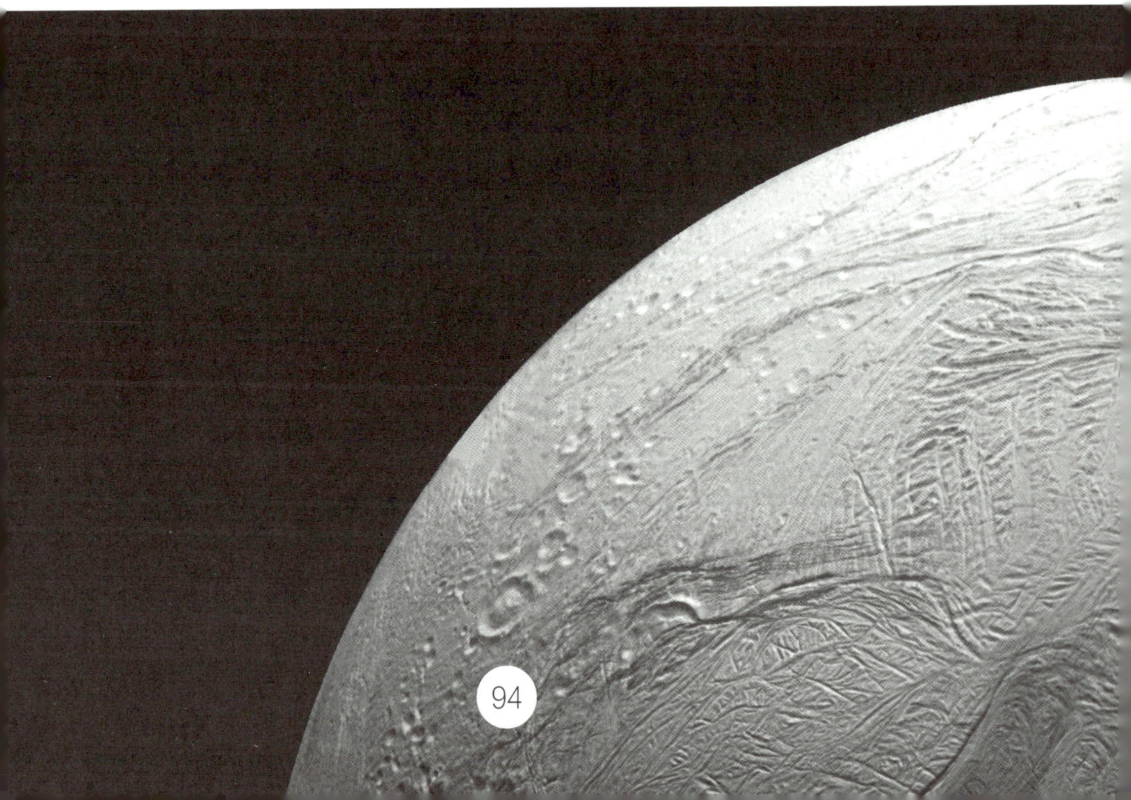

地球生命因此有可能在不经意间污染了外星的水域。如何安全地采集外星水样，仍是个悬而未决的问题。之后还需要对采集到的水样进行分析，或许甚至要把它带回地球。

美国宇航局已经在研究这些课题了，但目前还没有发送这种探测器的具体计划。运气好的话，一个具有上述功能的探测器会在2020年中，展开它去往木卫二的旅程[1]。或许它能告诉我们，在这个广袤的宇宙中，我们其实并不孤单。然而不到那一刻，我们在地球上的辩论便不会停止：地球，这颗拥有生命的星球，是宇宙间的平常事，还是稀罕事，抑或是唯一之事？

1　截至2020年6月，美国宇航局已建造了一架将能在木卫二的冰面上行进的探测车，但还未发射。——编者注

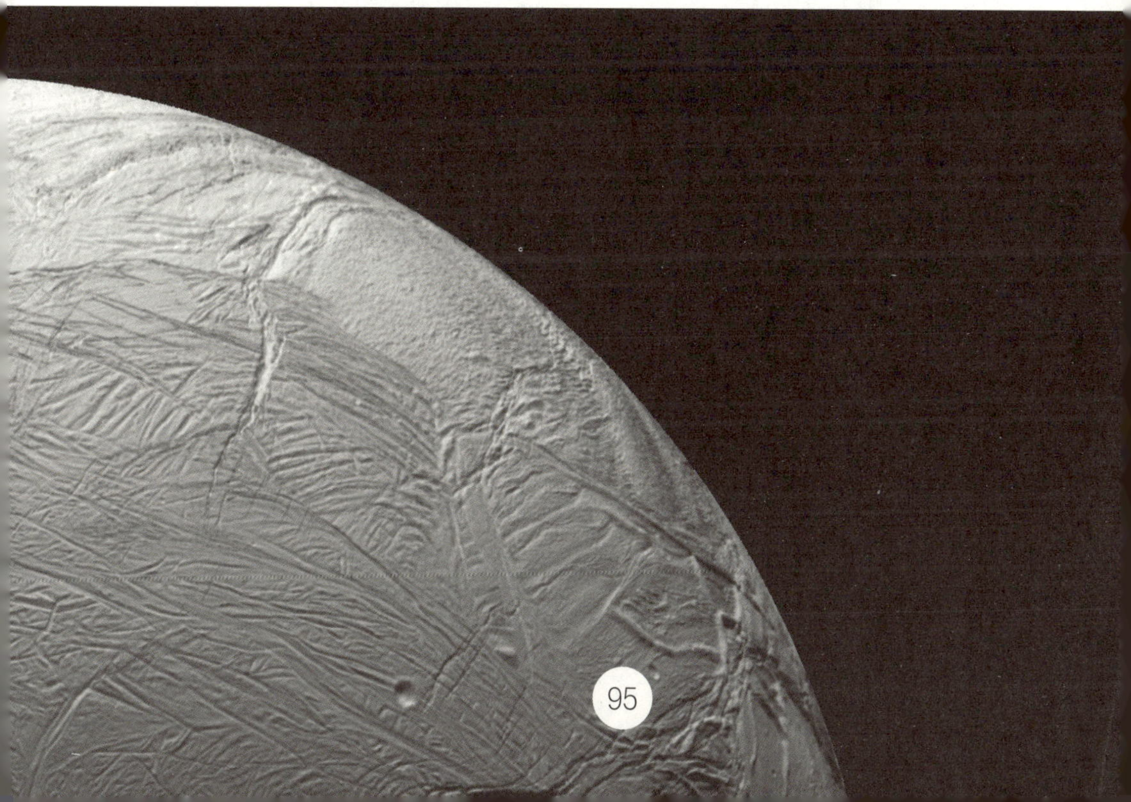

木卫二

第五答

在1990年，旅行者1号探测器距地球60亿公里，它完成了对外行星[1]进行勘测的这项主要任务。从此，它离开了太阳系，成为有史以来第一个到达恒星际空间[2]的人造物体。旅行者1号的旅行仍在继续，它所携带的金唱片里，有着关于地球的音频和图像的编码。那是天文学家兼作家的卡尔·萨根（Carl Sagan）的主意，如果旅行者1号在数百万年的未来被外星文明发现，它便好像是一个地球的时光胶囊，告诉那时那里的文明，我们地球此时此刻的模样。

“在1990年，旅行者1号探测器距地球60亿公里，它完成了对外行星进行勘测的这项主要任务。”

与海王星的会合，是旅行者1号探测器与太阳系行星的最后一个会合，当它在1990年加速离开这个会合点时，萨根萌生

1　外行星（outer planets），是太阳系内轨道在主小行星带外侧的行星，按照它们与太阳的距离，依序为：木星、土星、天王星、海王星。冥王星从它在 1930 年被发现后一直被认为是外行星，直到 2006 年国际天文学联合会重新定义行星后，才被归类为矮行星。——译者注

2　恒星际空间（interstellar space），行星际空间指太阳系内行星间的空间；恒星际空间指太阳系之外银河系之内，恒星间的空间。再往远还有星系间空间。——译者注

了一个想法。他要求旅行者转过身来面向地球，从这已知空间的边缘，从我们已知的最远的远方，拍一张地球的照片。这张照片被称作“暗淡蓝点”，表面看上去实在没啥可看的，而这正是萨根的意图。

萨根的照片概括了哥白尼原则，这个原则是以尼古拉斯·哥白尼（Nicholas Copernicus）的姓氏来命名的。在十六世纪，这位波兰神父经计算得出：地球和行星是在围绕着太阳旋转，而不是像之前以为的那样，太阳、月球以及宇宙中的所有其他物体都在围绕着地球而运动。哥白尼这个突破性的理论，

哥白尼，给了地球正确的位置

把我们的星球从宇宙中心的位置移开了，这个位置的转变不仅彻底改变了天文学和所有其他科学的视野，甚者，它改变了人类看待自己的方式。

哥白尼原则，也称为平庸原理，将这种转变扩展到我们所知道的关于宇宙的一切。太阳系绝不是在宇宙的中心，它位于银河系的外围。银河系中有几十亿个恒星，而银河系自己也只是宇宙中大概数千亿个星系中的一个。在这些宏大的背景下，地球，只是一个暗淡蓝点。

“太阳系绝不是在宇宙的中心，它位于银河系的外围。”

然而，人们还是觉得太阳系是非常特别的。到哪里去找如此奇妙的行星家族呢？ 2009年，开普勒太空望远镜发射升空，就是为了去寻找类似地球的行星。那些行星被称作系外行星，它们不是太阳系内绕着太阳运行的行星，而是在更遥远的地方，绕着某个恒星运行的行星。开普勒任务取得了惊人的成功。在四年中，开普勒太空望远镜就发现了450个拥有系外行星的类似太阳系的恒星系统。其中一些系外行星的大小与地球相当，也如地球一般处于“恰到好处”的轨道上，即：处于适居带中。数据推演开来，我们发现没有任何行星的恒星才是例外，所以银河系中的行星比恒星还要多！令人震惊的是，银河系里大概有400亿颗类似地球的系外行星，它们的大小与位置都适合生命的存在。这是多少个暗淡蓝点呀！

毫无疑问，对于我们来说，地球是最重要的。否则，让我们到哪儿去待着呢？所以还是有一些思想流派，倾向于把我们放回到上天宠儿的位置。2000年，地质学家兼古生物学家彼得·沃德（Peter Ward）和天文学家唐纳德·布朗利（Donald E. Brownlee），提出了地球殊异[1]理论。这个理论的要点如下，地球上的生命经历了三个阶段：最初的生命形式——简单的原核单细胞生物；然后，更大的细胞内共生于一个多细胞的生物体内；最终，某个物种演化为高等智性生命，才能理解之前发生的这些事情。这个理论所提出的生命的发展道路，并非就是自然选择的必然。进化是没有方向的。然而，这三个阶段终归需要极其漫长的时间跨度，并且中间几乎不可能有断节。他们认为，尽管系外行星生命的可能性很大，但只有地球如此特殊的行星，才可能会产生文明。

下面是他们的一些论证。太阳是一颗黄矮星，这个毫无特别之处。一颗如此大小的恒星可以燃烧很久，大概100亿年（太阳已经过了一半的时间了）。比太阳大的恒星燃烧时，更热更明亮，由于燃烧得剧烈，持续燃烧的时间反而比太阳要短，因而不足以等待生命从原始的细菌演化为文明的绅士。以这个事实为依据，便可以从我们的清单中删除数十亿个类地行星。它们的恒星太大了。

1　地球殊异（Rare Earth），该词出自地质学家兼古生物学家彼得·沃德和天文学家唐纳德·布朗利共同著作的书：《地球殊异：为何复杂生命在宇宙中并不普遍？》（*Rare Earth: Why Complex Life Is Uncommon in the Universe*）。——译者注太阳系距离银河系中心很远，所以那个拥挤的中心地带发生的各种剧烈活动，对我们的影响比较小。那个地带发出的伽马射线暴和黑洞辐射，是对生命的主要危害。有可能在生命的存在史上，曾经经受过来自太空的周期性爆炸。（众所周知的“大死亡”，地球上最大的大规模物种灭绝事件，约在2.5亿年前，有96%的海洋生物和70%的陆地生物的物种在此期间灭绝了。有人怀疑这是由巨大的超新星产生的伽马射线造成的。）

一个类地系外行星

如果生命的确一次次地被打击甚至被击退，那么生命的演化，无论在哪个方向上，都会是个缓慢的过程。

“太阳系距离银河系中心很远，所以那个拥挤的中心地带发生的各种剧烈活动，对我们的影响比较小。”

地球殊异假说还指出了许多其他的因素，例如木星的位置。这个气体巨人所处的位置，正好保护了地球，使其免受最严重的陨石撞击。任何大块陨石在靠近地球之前，都会被木星卷走，当然有的也到达了地球，不信你去问问恐龙。然而，木星离地球的距离也不能太近，那样就会破坏地球轨道的稳定性。

据此，我们又可以排除一些类地行星，如：离银河系中心太近的，以及没有大行星做伴的，或者这个大行星有点太霸道的。以此算来，能够孕育“文明”的行星，数量便非常之少了。

“任何大块陨石在靠近地球之前，都会被木星卷走，当然有的也到达了地球，不信你去问问恐龙。”

而且，地球还有一个月亮，相对于地球的大小这个月亮是够大的。关于月亮形成的最好的理论是这样的：在地球形成不久，受到过一个火星大小的行星的撞击。这个假想的星球被称为忒伊亚（Theia），希腊神话中的月神之母。如果忒伊亚对地球的撞击更正，地球可能就被撞散了。幸运的是，它的撞击正好撞掉了地球地幔的一块儿，从而形成了月球。（地球的大气层也受这个撞击的影响被吹走了一些，这使地球能够更快地散发热量，让它更适合适居带的运行轨道。）另一颗系外行星以同样的方式形成一个类似的巨型卫星的可能性，必然是小之又小，那么我们的名单又在缩短。为何月亮对地球上的生命如此重要呢？月亮推动潮汐，令引力翻倍，海洋因此每日起起伏伏。潮汐带是进化的温床，为海洋动物提供了避难所，让它们躲避深水中的天敌，潮汐带进而成为水生生物和陆生生物之间的中转站。没有了月球，陆地生命可能需要更长的时间来进化，尽管这并不排除在海洋环境中出现文明的可能性。

“另一颗系外行星以同样的方式形成一个类似的巨型卫星的可能性，必然是小之又小，那么我们的名单又在缩短。”

沃德和布朗利还建立了一个方程式，来估算一颗行星成为如地球一般“殊异”的可能性。我们在这里就不具体讨论了，不消说，这个可能性是很低的。

地球殊异论虽然有很多批评者，但它还是突出了一个不可否认的事实。如果我们真的找到了外星生命，我们也很有可能是唯一意识到这一点的一方。

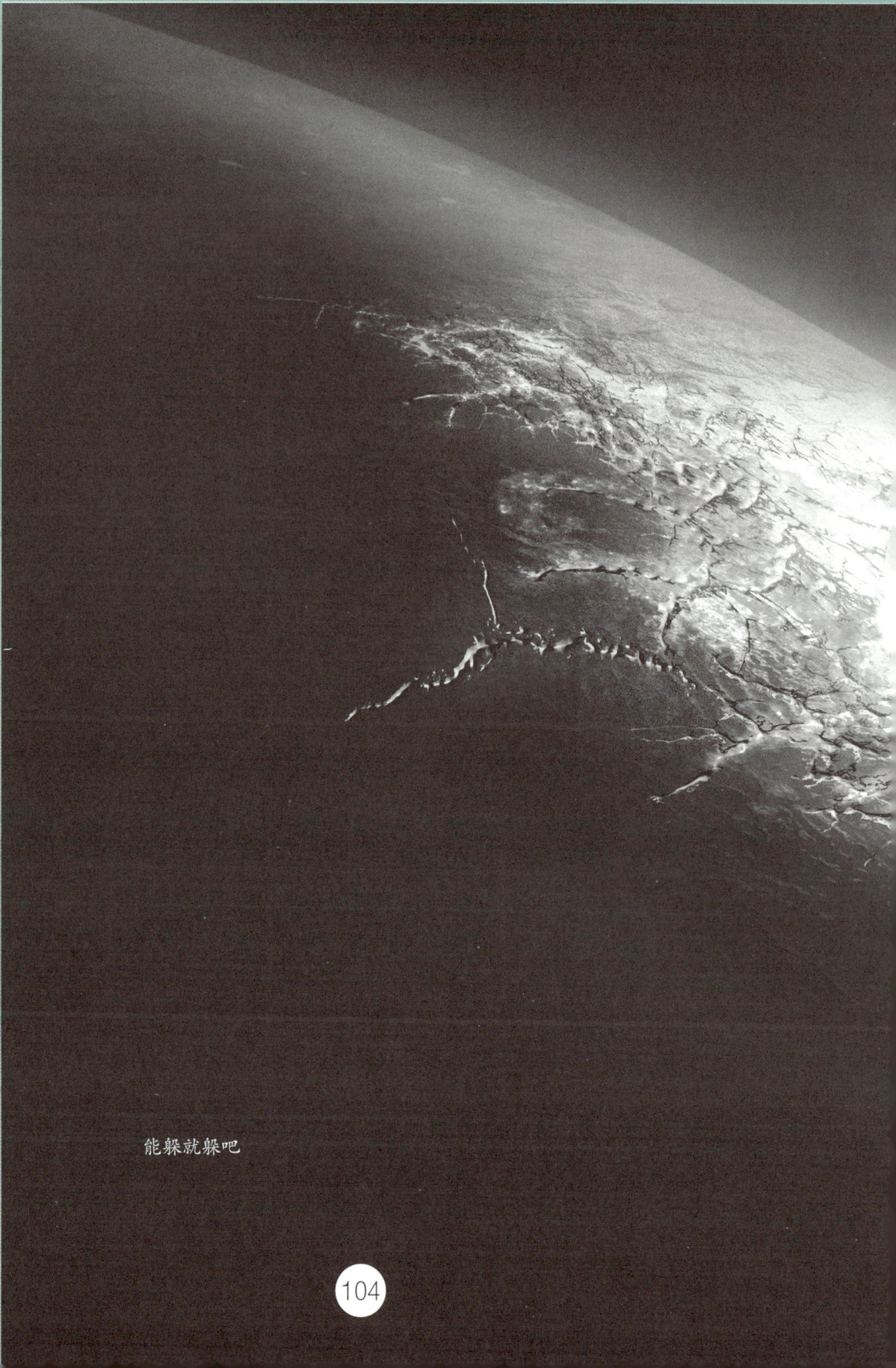

能躲就躲吧

第六问

濒死体验是怎么一回事？

> “死亡于我何干乎？当我生时，死尚不在；当死来临，我业已不存。”

“死亡于我何干乎？当我生时，死尚不在；当死来临，我业已不存。”这是伊壁鸠鲁在公元前3世纪时说的话。这位和蔼可亲的希腊哲学家试图阐述何为美好的生活。对他来说，生活的目标是追求欢愉，请注意，他所说的追求欢愉并非通过满足享乐主义的欲望，而是通过周全愉悦的生活，做善良美好的事，讲娱心悦耳的话。他认为，要获得幸福，首先必须放弃对死亡的恐惧。伊壁鸠鲁说，我们对死亡的全部了解只有：它不是生命，因此我们不应该过于关注死亡。我们无法体验死亡的感觉。如果我们能够体验到它，那么我们并没有真正死亡。

然而，并不是每个人都同意伊壁鸠鲁的说法，当时不是，现在也不是。对很多人来说，死亡并非终结。以此逻辑，“生命”这个概念，是指物理世界中一个有限的肉体存在。死亡是肉体存在阶段的结束，而人的某一部分会继续存在，或者说不因死亡而终结。至于那种存在是怎么回事，我们后面再说(确切地说是在第十一问里我们再讨论)，先让我们看看人们到底是以什么理由，来质疑伊壁鸠鲁的逻辑的。

预感、预言、信念或者直觉，这些东西本身就令人着迷和不解，它们无法解释也不可测试，所以我们在以下的讨论中不得不忽略它们的影响。以下讨论的内容来自对一种现象的观察，这种现象处于神秘主义、信仰、科学与医学之间的多岔路口上，即：濒死体验。

首先，我们需要处理一个关于这个话题的带有诡辩意味的惯常说法。即：有过濒死体验（NDE）的人是已经死了然后又活过来了。我们不能接受这个说法。除了宗教传说中的少数超自然存在或是圣人，我们所讨论的通常意义的死亡，必须是一个永久的状态。一旦死亡，身体就不能再活着了。现在医疗技术和医生的精湛技巧可以将死亡点推后。一个出了故障的身体，可能会在其生命迹象消失的情况下，或者说身体的正常功能停止后的几分钟甚至几小时之后，又重新恢复工作。而所谓

濒死体验

的死亡，是指所有的这些试图挽救的努力都失败了，身体的功能最终没有得到恢复。

走向死亡的路很多，真正的死亡是以下两种情况：

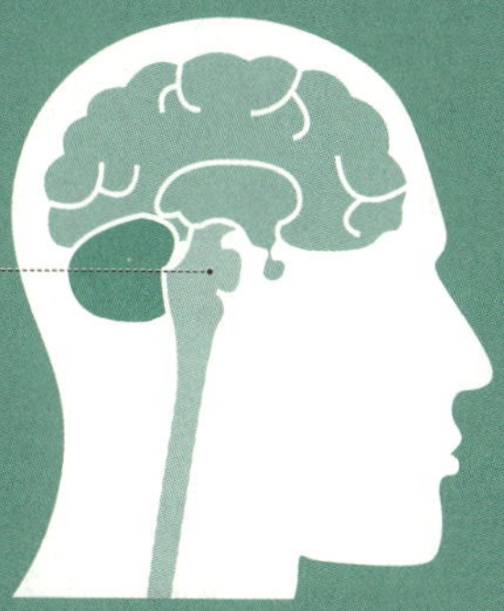

1 循环系统停止运转，这意味着心脏和肺部无法为人体提供所需的氧气。

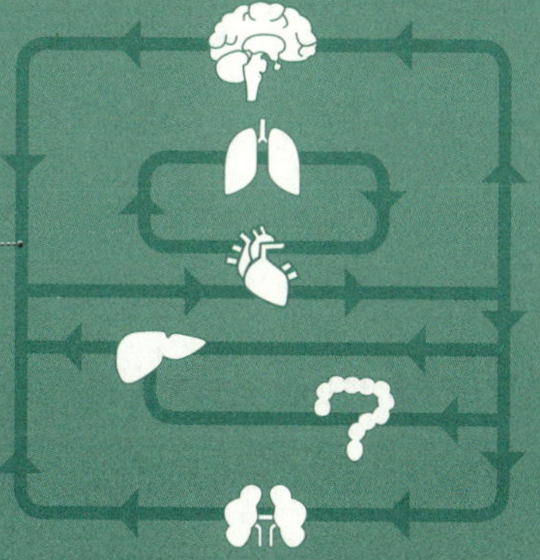

2 脑完全停止工作，其中包括脑干，脑干控制着1中所说的循环系统。

第一种情况下的循环系统，可以用生命维持机来替代其功能。第二种情况下的脑功能，无法用外部维持系统来代替。如果怀疑是脑死亡，医生会做一个带有放射性标记物的脑部扫描。当这些标记物都没有出现在脑内时，死亡便是不可否认的了。

濒死体验就是濒临死亡的体验，即一个人的身体几乎到达了死亡点的体验。但他/她并没有死亡，而是返回阳世得以向我们诉说这番体验。

濒死体验者们讲述的经历中，有一些非常令人信服的东西。首先，濒死体验似乎呈现着相同的模式，至少我们所听到的濒死经历都有着相同的模式。而且，这些濒死体验似乎是超越文化背景的，无论体验者（或者说是被体验者更合适？）的宗教信仰如何（或者没有宗教信仰），他们的濒死体验通常有着相同的主题。

体验者常常感到平静，甚至是快乐，通常有离体的感觉，或是俯瞰着自己身体的感觉。通常濒死体验把他们带到另外一个世界。在那里，他们的知觉比生前更加敏锐，能够遇到友好的生命或者已经故去的家庭成员。有明亮的光，平静的感受，有时会有一个明确的不可返还的点，不过体验者并没有穿越这个点，而是返回肉体继续生命之旅。还有一点重要的相似性是，濒死体验改变了体验者看待自己生命的方式，可能也改变了他们看待死亡的方式。体验者们通常变得更加善良，更加快乐，并在濒死体验之后对自己的生活做出了较大的改变。

“通常濒死体验把他们带到另外一个世界。在那里，他们的知觉比生前更加敏锐，能够遇到友好的生命或者已经故去的家庭成员。”

对于有过濒死体验的人来说，这是非常真实的体验。对没有过的人来说，这体验真是玄妙。我们都要走向死亡，那是不是说每个人都会有濒死体验呢？若是如此，这很美好啊！我们是不是都有机会看到，那个不可返还之点的另一边是何光景？

“对于有过濒死体验的人来说，这是非常真实的体验。对没有过的人来说，这体验真是玄妙。”

濒死体验是否就是伊壁鸠鲁所称的“非生

命”？或者这是灵魂或某种非物质实体的存在，转化成为类似于我们现在的另外一种存在?

灵魂、来世，以及死亡时的某种超越，这些并不新鲜。大多数文化传承把这些融入他们的神话中。神话中同样也有注视着我们的良善存在。在古代，离体经验或看到其他世界被认为是与神灵的交流，或是超自然人物所拥有的能力。遇到一个超自然体很常见，或是天使或是恶魔，都可能出现。然而，在古代著作中，这些经历和濒死没有明确的关联。

另外，某些濒死体验的要素可以通过其他手段来实现，例如饥饿、服用致幻药物和某些睡眠障碍。

濒死体验的最早记录是在18世纪，一名法国军医通过报告转述了一位患者所说的话。直到1975年，濒死体验的概念才完全形成，意思接近我们今天对濒死体验的理解。

这可能有两个原因。首先，许多濒死体验的第一次系统性记录是在越战期间做的，在1960年代末1970年代初数量很多。受重伤的士兵回忆医生抢救他们时的体验。第二个原因是复苏技术，如心肺复苏术和除颤术，从1960年代开始成为急救人员的常用技术。作为结果，与历史上的任何其他时代相比，现在病人的死亡时间得以大大延迟。即便呼吸停止，心脏停搏几分钟，只要措施得当，还是能被救活。死亡的时间点进一步延迟，濒死体验报告数量虽然仍然很低，但已经开始上升。

“即便呼吸停止，心脏停搏几分钟，只要措施得当，还是能被救活。”

这些都让我们相信濒死体验是一种新现象，而非老现象有了个新名称。因为只有在过去的几十年中，医学才发展到能将人们从死亡的边缘拉回来的程度。

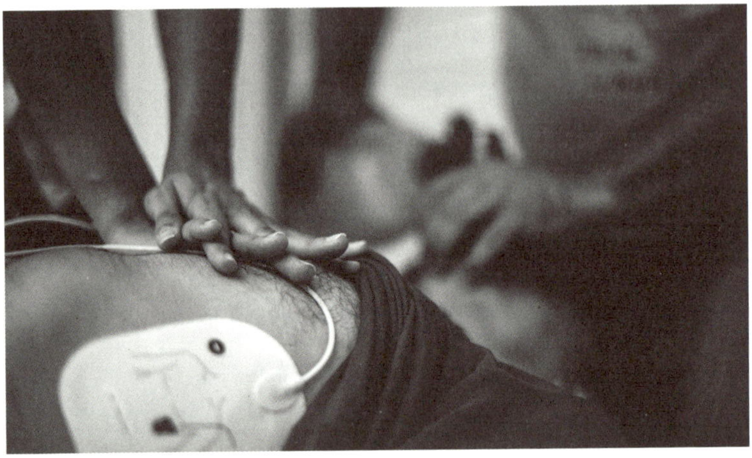

使用心肺复苏术救治接近死亡的患者

医生们专注于预防死亡，很少有兴趣研究死亡本身，但到了20世纪80年代，“濒死研究”领域已经确立（规模虽然不大）。濒死研究的研究人员，从精神科医生和脑科学家，到那些有着其他尝试性技术的研究人员，一直在探索濒死体验，看看它可能告诉我们什么。对于一些人来说，濒死体验是宇宙的某些未知特征的证据。对于另外一些人，他们研究濒死体验则并非是为了探究死亡，而是为了探究生命。

濒死体验的故事令人着迷，特别是结合了经历濒死体验之后对生命的转化与救赎的后续篇章。对于那些广为人知的濒死体验，其实所经历的便是伊壁鸠鲁所建议的：人不必惧怕死亡。我们所听到的濒死体验，没有一个涉及绝望、恐怖和痛

1983年，美国精神科医生布鲁斯·格雷森（Bruce Greyson）设计了一个表格，用于量化地记录濒死体验。被访者要回答以下的问题：

1. 你感觉时间是加快了还是放慢了？
2. 有没有感觉思维的速度加快了？
3. 有没有回到曾经经历过的情景中？
4. 有没有忽然觉得自己好像明白了所有的事情？
5. 是否有一种和平和愉快的感觉？
6. 是否有一种喜悦的感觉？
7. 是否感觉到有一种与宇宙和谐或合一的意味？
8. 是否看到或感到周围有明亮的光？
9. 各感官的觉受是否比平时更生动呢？
10. 有没有感觉自己似乎知道其他地方正在发生的事情，好像有超感官知觉那样？
11. 有没有看到未来的景象？
12. 有没有感到与自己的身体分离？
13. 是否似乎进入了另一个世界，非地球的世界？
14. 有没有遇到一个神秘的生命或存在，或是听到一种无法识别的语音？
15. 有没有看到已故的亲人或是宗教中的神灵？
16. 你是否到达了一个边界，或是一个不可返还之点？

每个问题得0至2分，总分数高于7便可认为是经历了濒死体验。

苦。有人认为，大概有四分之一的濒死体验会涉及那样的内容，只是人们不愿意谈论它们罢了。

这便是研究濒死体验的主要问题。几乎所有数据都来源于自荐的人群，他们自愿出来谈论自己的经验。许多人是在多年前有过濒死体验，期间多次回想并重述那个经历。这便增加了记忆出现差错不再准确的可能性。“记忆差错”一词听上去有点奥威尔式[1]的调调，不过我们的意思不具文学性，就事实来说，当人们每次重述某事时，大脑会记住这个重述的版本，慢慢地大脑记住的经历会与原始体验有一些细微的差别。重述的次数多了，差别会越来越大，甚至于主要内容也会有所不同。

如何才能将濒死体验从一个改变人生的幻想，转变为一个对历史事件可验证的描述呢？我们并不是把“幻想”当作贬义词在用，而只是表示濒死体验完全可能只是发生在某人的想象之中。研究人员想要得到的是真实而标准的东西。

一个真实的体验是一种能够通过真实事件进行验证的体验。濒死体验中是否包含了一些真实的元素呢？上面的NDE表格告诉我们，大多数濒死体验都不是基于客观现实的，诸如体

1 奥威尔式（Orwellian），乔治·奥威尔 George Orwell（1903年6月25日—1950年1月21日），是英国作家，他的小说《1984》是反乌托邦小说的经典。由他的名字衍生出的“奥威尔主义”或“奥威尔式”，在英语国家广为人知。《1984》中的“记忆漏洞”是说那个虚构的世界中有个部门专门系统地修改或销毁所有不利的和不好的事发生的证据。其实从科学的角度讲，“记忆漏洞”已经被心理学和神经科学所证实。这便是本文此处提到的“记忆差错”所关联的内容。——译者注

验者遇到过世的亲人或进入神界。然而，离体体验，即某人说他是看着自己在医院（或其他某个地方）被医护人员救治的，这似乎是老生常谈了。但是，此类情况实际上在濒死体验的报告中却非常罕见。那么，报告中的哪些东西是真实的部分呢?

没有。

是有不少诱人的可能性。一个著名案例来自1977年，一位名叫玛丽亚的患者在西雅图的一家医院病危。玛丽亚康复后告诉了护士她的濒死体验，尤其提到了一只在窗外窗台上的运动鞋。后来证实，这只鞋确实在那儿，并且所处之处是无法从室内看到的。这为什么不算是真实体验呢?是因为玛丽亚并非直接与NDE研究人员交谈，她的故事是由照顾她的社工转述的。

离体体验

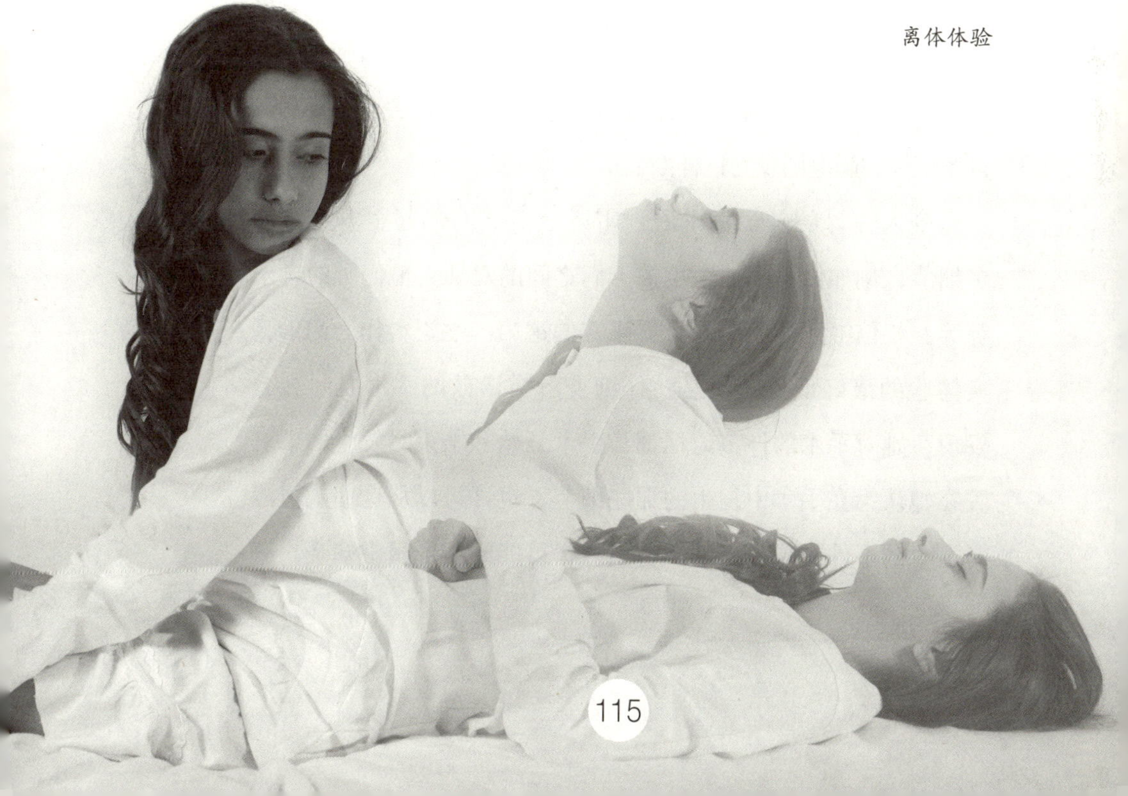

“玛丽亚康复后告诉了护士她的濒死体验，尤其提到了一只在窗外窗台上的运动鞋。”

这便令它不足以通过任何客观性测试。

关于濒死体验另一个著名案例的主角，是美国歌手帕姆·雷诺兹（Pam Reynolds）。1991年，雷诺兹做了一次脑部手术，手术时她的整个身体被冷却至15° C（60° F），远低于身体正常工作的温度。低温可以让她的心脏停止跳动，外科医生趁机将她头部的瘀血取出。低温还保证她的身体不受心脏停搏的损伤，心脏恢复跳动后，为身体注入血液便可开始正常工作。

手术过程中，脑电图一直记录着雷诺兹的大脑活动。麻醉师特别着意观察她后脑的活动，后脑是管理生命基本功能的地方。在整个手术过程中，雷诺兹的耳朵跟前都一直大声播放着喀哒喀哒的声音。这是一种强刺激的手段，如果患者的大脑在手术过程中苏醒过来并对这个刺激做出反应，脑电图便会有所显示。自始至终，脑电图没有这样的显示。

令人惊讶的是，手术后，雷诺兹能够回忆起手术室的许多细节，例如做手术的医生护士们之间的对话，他们听的音乐等等。相信濒死体验的人将雷诺兹的这第一手资料作为NED真实体验的最好证据。但是，仔细查看雷诺兹的手术时间表会发现，她对手术的许多记忆都与手术开始和结束时发生的事有关，她认为在手术中发生的那些细节，也许可以从这些她清醒时发生的事件中想象出来。雷诺兹很可能经历了术中知晓。有一个让人细思则恐的数据，说大约每1,000名患者中就有1名在手术过程中意识到周围的环境。当然这是个滑动的标准，我们不是说人们坐得笔直地在手术台上接受手术，而是说麻醉是以不同的方式将人们引入无意识的面纱之下的。有些人在被麻醉之后仍然能够看到和听到事情。这就是为什么手术过程一定要有麻醉师在场，他要保证患者始终处于无意识之中。

“有一个让人细思则恐的数据，说大约每1,000名患者中就有1名在手术过程中意识到周围的环境。”

在某些人看来，帕姆·雷诺兹的案例表明，精神在身体死亡的情况下依旧存在着。另一些人则说，这全出自她的想象，她的阐述源自她在手术前后半清醒状态下对周围环境的观察。

在过去的十年中，人们尝试在更彻底详实的科学基础上研究濒死体验。研究人员不再等待体验者自己过来讲述他们的故事或者等着人来问他们，而是要求心脏骤停的幸存者在事件发生后立即汇报任何相关的经历。这当然是非常困难的。任何采访都必须尽快进行，以防止记忆混淆或不再鲜明。然而，往往最合适的测试对象在事件发生之后，都非常虚弱，无法接受采访。

“任何采访都必须尽快进行，以防止记忆混淆或不再鲜明。”

另外，研究人员还尝试设置独立刺激源，以获取最真实的现场信息。是这样做的，他们在一些病危患者的病床上方安一个架子，架子处于视线之上，架子的上面放了几张清晰的图片。要想看到这些图片，只有爬上梯子从高处看，或者，你是高高地悬浮在自己身体上空之时，也就是在离体体验中常被提到的那样。

这项研究记录了2,000多例心脏骤停的案例，其中有330位患者活下来了。他们之中有140人能够并同意在稍后讨论他们的经历。其中有9个是以NDE量表评价为合格的濒死体验。两名受试者报告了离体体验。其中一位后来病重，无法继续接受采访。另一位所躺的病床上没有安装那个架子。

因此，对可验证的数据的求索还在继续。

另一种对濒死体验的研究，是密切观察那些非病危但类似的现象。氯胺酮是一种兽药，也是一种用来消遣的毒品，它可以产生濒死体验所有的特征感受，虽然不是一次性全部出现。（特别注意：氯胺酮是一种危险的药物。最常见的副作用是对膀胱的慢性损伤。）这样的证据表明，濒死体验中是有点什么与脑化学物质的改变相关。

同样的，濒死体验中涉及的很多东西，例如漂浮的感觉，与另一世界存在的相遇，以及离体的感受，都与梦境状态的特征相似。例如，清明梦是做梦者在梦中醒来的梦。他们知道自己在做梦，但他们的身体仍在睡觉。这种清醒度可能会让他们对所做的梦有了一些控制力。在梦里，他们不受现实束缚，可以说想怎样都行。但是，这种控制不一定是完全的，梦境继续，做梦者可能经历着在潜意识的引导下的第

“这种清醒度可能会让他们对所做的梦有了一些控制力。”

“意识的清醒程度可能有所不同。如果是一个懒懒的白日梦或短短地打个盹儿，人会很容易地意识到自己的心理和身体状态，只是他的注意力那时在别处。”

一人称的故事。有可能是个噩梦，做梦者难以逃脱，因为他们无法醒来。

梦是另一个充满困难的探索领域。意识的清醒程度可能有所不同。如果是一个懒懒的白日梦或短短地打个盹儿，人会很容易地意识到自己的心理和身体状态，只是他的注意力那时在别处。在一个深沉的梦中，人很少能够意识到自己的心理状态，他们意识不到自己在做梦，即便意识到了，他们仍然无法控制自己的身体。在快速动眼睡眠[1]期间，身体几乎是瘫痪的，我们能想到的最好的解释是，让人们别因梦生事。

许多人患有一种叫做“睡眠麻痹”的疾病，他们从深度睡眠中醒来时，身体暂时地

1 快速动眼睡眠（REM sleep）是动物睡眠的一个阶段，REM 指快速动眼期（Rapid Eye Movement）。在这个阶段的睡眠期间，眼球会快速移动，同时身体肌肉放松。也被称作异相睡眠（paradoxical sleep, PS）或者去同步睡眠（desynchronized sleep），因为在这个阶段，大脑神经元的活动与清醒的时候相同，呈现快速、低电压去同步化的脑电波。多数在醒来后能够回忆的栩栩如生的梦都是在 REM 睡眠期间发生的。在 REM 睡眠期间，机体会偏离平衡态，呼吸、体温调节和循环系统都会有大幅波动，这样的情形在其他的睡眠相或者清醒时不会出现。身体会突然地失去肌肉张力，这个现象被称为 REM 肌肉麻痹。说 REM 睡眠是一种“异相的”睡眠，因为它和清醒状态很相似。虽然身体处于麻痹状态，但是脑在某些方面却很像清醒状态。在 REM 睡眠期间，特别是在清明梦期间，脑的左右半球之间的联系会更多。——译者注

处于瘫痪状态。一些患者报告说，当他们处于这个短暂的麻痹期时，感觉到有另一个存在同在屋中。同样，没人真的知道到底是怎么回事，最好的一个理论是：自主移动肌肉的能力在睡眠中被关闭了，还没有重启。但是，已经醒来的大脑感知到了自己的身体。这种在自主肌肉能力还未恢复的情况下对自己身体姿势的感知，是大脑收集了其他感官的信息，将它们联系在一起，构成了一个对自己身体姿势的心理模型。然而，这个由其他感官信息构建的姿势模型，与控制姿势的自主系统，这两者之间是断开的。关于身体姿势，最关键的信息输入是肌肉本身。然而，大脑缺乏关于这部分的信息。因此，大脑对身体姿势有着两种不同的感知：一种来自放松的肌肉；另一种来自其他感官。结果，这两种感知中的一个被认为是在身体之外，几乎是另外一个存在。

“这种在自主肌肉能力还未恢复的情况下对自己身体姿势的感知，是大脑收集了其他感官的信息，将它们联系在一起，构成了一个对自己身体姿势的心理模型。”

总而言之，关于濒死体验，的确有很多相互矛盾的信息和理论。它是灵魂离开身体走向下一种存在的证据，还是在垂死的大脑中出现的伪像，还是两者都是？

第六答

面对着正在心脏骤停有生命危险的患者，医务人员当然不会将抢救暂停，花时间将脑部扫描仪连到这个不幸之人的身上。毫无疑问，他们的注意力应该在抢救病人这方面。然而，假如时间允许他们那么做，可能他们会发现奇妙有趣的事情。

为了不伤害人类，数百只实验室小白鼠牺牲了。NDE研究人员在小白鼠这种啮齿动物身上引发心脏骤停，并记录它们的大脑活动。发现当小白鼠身体部分不那么活跃时，大脑则完

随着死亡的到来，大脑更加活跃

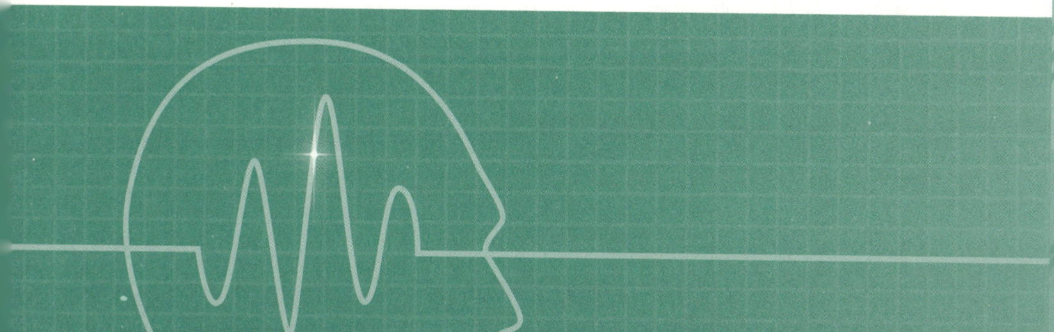

全相反。大脑活跃度加剧直至达到顶峰，这被称作死亡高峰（death spike）。然后大脑活动逐渐消失，这只小白鼠就死了。

人类也有死亡高峰的记录，尽管是偶然的不太系统的记录。濒死体验是不是在死亡高峰时发生的呢？如果这样，大脑是在做什么呢？

死亡高峰时的大脑活动与高碳酸血症患者的大脑活动非常相似。高碳酸血症，是血液中的二氧化碳含量过高而导致的呼吸停止，这也导致了缺氧。不过，似乎二氧化碳的含量水平才是引起大脑活动改变的原因。大脑是通过测量血液中的二氧化碳含量来控制呼吸频率的。如果血液中的二氧化碳含量过高，大脑会令呼吸加快以便尽快将其排出；如果含量太低，呼吸则会受到抑制，这同时也导致大脑无法获得所需要的氧气。一个简单的避免氧气不足的方法便是：尽量吸入空气，不要掺入任何其他气体。然而，也可以通过学习控制呼吸的技术，有意地诱发高碳酸血症，以获得超常的精神体验。这种做法常出现于先知、苦行僧和萨满等古老的传统文化之中。

> “死亡临近，呼吸停止后，血液中的二氧化碳水平上升。这导致大脑中部颞顶交界区的活动加剧。”

死亡临近，呼吸停止后，血液中的二氧化碳水平上升。这导致大脑中部颞顶交界区的活动加剧。大脑的所有区域都非常神秘和复杂。它们很少只管一件事，大多数都会影响到很广的范围，影响到各种看似无关的功能。颞顶交界区与自我意识相关，它收集来自感官和情感中心的信息，来创建一个千变万化的状态报告：关于我是谁，我的感觉如何，是什么让我与众不同。这个区域包括了一个言语中心称为韦尼克区[1]，该区域与语言所需的联系相关。语言的含义是不固定的，它与各种各样的相关因素有关。似乎我们的大脑正是在这里弄清楚了语言的意味。

“死亡高峰”可能标志着大脑正被淹没在一个可怕的情形之中。身体正在走向死亡，大脑正在试图搞清楚这到底是怎么回事。所有的数据（或者应该有个比“数据”更好的词来表达）都被传递到颞顶交界区，希望能够找到答案。因此，对自我的感知增强了，甚至感觉比现实生活更“真实”，过去发生的一些重要的事情被回忆了起来，看看是否能够在它们中间找到答案。随着很多不同信息的感知不再传递到大脑，对自己身体状态的心理图像开始破碎，对自己的感知也因此越来越与自己的身体分离。

如我们所见，类似的体验不仅局限于濒临死亡。然而，体验中经历的故事，是所有濒死体验所共有的，而其他体验所没有的。一个典型的濒死体验的故事大概如此：体验者有离体的感觉（虽然我们还没有得到证实），并进入一个陌生的世界。他起初比较犹豫，但在某个向导的鼓励下，他开始了一段旅程，在旅程中对自己和生命中的人们有了新的认识。最终，他到达了一个点，需要选择跨越那个点或是返回到日常生活中。

1　韦尼克区（Wernicke's area），包括颞上回、颞中回后部、缘上回及角回。在这个区域内有听觉性语言中枢和视觉性语言中枢，主要的功能是理解单词的意义。韦尼克区的损伤，将产生严重的感觉性失语症。该症的患者能够听到语音，但无法理解语言的意思。患者能组织语法上正确的句子，但没有能力在句子中表达任何意义。——译者注

英雄的故事成真

体验者当然是选择了返回人世，但这番经历已经改变了作为人的他。

“体验者当然是选择了返回人世，但这番经历已经改变了作为人的他。”

这个经历听起来像是一个电影的内容框架，从《空手道小子》到《超人》，到希腊英雄的悲剧史诗。这类经历好像是英雄旅程的神话故事。人们喜欢传颂这样的故事，几千年来一直如此。难道，濒死体验是大脑将接收到的刺激转化成了最简单有力的故事：一部专属我们个人的动作大片？或者说，神话在人类文化中的经久不衰，预示着更深层次的东西？难道它是在向我们显示着意识的一些核心特征吗？

这是唯物地看待濒死体验与其他观点的不同所在。唯物主义者寻求关于我们宇宙的科学法则，希望从这个角度来理解濒死体验。一个躯体，无论是活着的还是死去的，都由相同的材料构成。能量的运行，在活着的身体内与在死去的身体内是不同的。非唯物的观点认为，在人死亡时，某些精神实体会离开人的身体。传统的西方一神论认为，这是灵魂进入天堂，或者地狱。另外一种看法，或许有人说是东方的观念，灵魂此刻脱去个体特征，加入某种万物合一的意识。

关于后一种看法，19世纪初期的德国哲学家叔本华曾这样说："每个人都会将自己视野的极限变成世界的极限。"他的意思是说，一个人的知识受到他感知范围的限制。我们可以将此应用在对濒死体验的理解上。无论现在发生什么，我们只能根据我们的过去，也就是我们大脑所拥有的内容，去理解它。叔本华用他的大脑的内容，重新阐释了现实的两个方面，即意志与表象。他说，每个对象都有意志。我们也可以称其为意识。意志只能从对象内部感知到，就是说只有你能够意识到你自己。表象是我们对身外之事的感知。我们的意志在想着挥挥手，然后我们看到自己的那只手在挥舞了。自我感知到了这两个方面，可当我们看到别人向我们挥手时，我们只能感知到挥手的表象，而不是造成挥手的意志。

“表象是我们对身外之事的感知。我们的意志在想着挥挥手，然后我们看到自己的那只手在挥舞了。”

因此，在濒死体验中，低头回看我们的身体，便好似意志将身体视为一个分离的表象。叔本华曾说，时间和空间都是表象，正如身体或医院的病床一样，而你的意志实际上是永恒且无处不在的，这意味着这一个同样的意志填满了整个宇宙。也许叔本华会把濒死体验看作是与宇宙意志统一的。话虽如此，叔本华对他的自我能够超越死亡并不抱希望，而是认为会消散于一个冷漠无情的宇宙之中。

虽然没有快乐的大结局，但叔本华的想法总结了有关濒死体验的中心谜题。即使在很短的时间内，大脑显然已经停止了运作，意识是否仍然存在？如果存在，它存在于何处呢？

第七问

心灵可以不依赖肉体而存在吗？

我们生来没头脑，起码我是这样，你多半也是的。直到我们开始玩捉迷藏，最重要的是，开始善于玩这个游戏的时候，我们才确定我们还是有头脑的。婴儿虽然已经知道不少事了，但是一个捉迷藏游戏，就会暴露出他们有多么无知。在最开始的时候，他们可能不找地方藏身，而只是遮住自己的眼睛。他们以为自己看不见了，别人也就看不见自己了。他们分不出自己的思想内容与别人的思想内容之间有何差别。他们以为自己看不到别人，别人便看不到自己。所以，自己闭上眼睛便是藏好了。当然，他们很快就会发现，也很快就会学到，他们所知道的与别人所知道的，是不一样的。他们便开始形成自己的"心理理论"，这是意识发展的第一步。

试图理解人类的心智，或至少认真审查之，是人类生命的一部分。我们对此的看法，不可或缺地塑造了我们对死亡的认识。当身体进入不可逆转的无意识，当心智消失永不再现，这

便是通常意义上的死亡。当一个人醒着但似乎没有意识，即处于植物人状态时，这就是一个灰色区域了。这表明身体可以在没有心智的情况下活着，但心智可以没有身体而存在吗？这两者真的可以分开吗？

> “当身体进入不可逆转的无意识，当心智消失永不再现，这便是通常意义上的死亡。”

古埃及人的灵魂乘船去往身后之地

古埃及人就有不同的想法。对他们来说，大脑是某种散热器。大脑的工作只是将血液中的热量散发出去。如果大脑损坏了，热量无法散发，真正控制身体的某种动物精神就会因炽热而发狂，从而导致死亡。古埃及人认为，思想的中心是心脏，直到现在我们依旧用这个器官来象征我们的情感生命。

我们可以从这两个问题开始：意识或心智驻留于何处？它们与身体是如何关联的？你可能觉得这两个问题太容易了，它们显然是在头脑中。至少大家一直都是这么说的，可是，你的心也这么说吗？

“这样的文化痕迹，法国哲学家米歇尔·福柯（Michel Foucault）称之为‘思想考古学’。”

这样的文化痕迹，法国哲学家米歇尔·福柯（Michel Foucault）称之为“思想考古学”[1]。福柯像许多战后法国哲学家一样，对了解人性的本质感兴趣。福柯逐渐开始质疑这个问题本身，他认为人类本性不一定是某种永恒的公理。显然，这世上曾有一段时间，既不存在人类，也不存在人类本性。

福柯的主张是，我们现在的关于有意识的人类的概念，是随着人类历史一步步发展而形成的。我们能把自己放到古埃及人的心智中吗？古埃及人他们的内心自语，那个用于思考的，那个心灵之眼，来自何处呢？是在胸膛里吗？而且，他们认为那些内心自语完全是自己的思绪吗？或者认为那是神灵或恶魔的声音（视不同情绪而定）吗？甚至，古埃及人的意识与我们今天所理解的意识是否一样呢？

古希腊人相信他们的心智是在超自然力量的控制之下的。古希腊人心中的一个巨大的恐惧是地府中的超级怨妇：三位复

1 思想考古学（archaeology of thought），源自米歇尔·福柯的一本重要著作《知识考古学》，1969 年出版。——译者注

仇女神[1]，她们会出来恐吓你，逼迫你去杀人或做一些很可怕的事情。难道复仇女神真的是住在地下的老女人吗？我们可以放心地说并非如此。她们是古希腊式的对邪恶想法的描述，那些被复仇欲所淹没而产生的邪恶想法。

> “古希腊人相信他们的心智是在超自然力量的控制之下的。”

那么，这些复仇女神所代表的邪恶想法居于身体的何处呢？柏拉图认为人有三个灵魂，控制食欲和冲动的动物灵魂位于肝脏，控制情绪和热情的灵魂位于心脏，而智慧由头脑决定。像柏拉图这样的哲学家多用头脑，勇敢的战士们是受心的驱使，而其他的人（柏拉图不太是个平等主义者）则被肝脏掌控着。

另一个希腊人，一个比较快乐的哲学家，德谟克利特（Democritus），也是三方灵魂的信徒。德谟克利特有时被称为“笑的哲学家”，因为他觉得对于宇宙的无目的与无意义，他只有选择傻笑。德谟克利特是“原子论”的创始人，这一点更令他流芳百世。我们现在先不深入讨论那个问题，只简单总结一下他的原子论：世界万物是由原子构成的，包括灵魂。水原子油光水

1　复仇女神（Furies），是希腊神话中的复仇三女神：阿勒克图（Alecto，不安女神）、墨纪拉（Megaera，妒嫉女神）和提希丰（Tisiphone，报仇女神）。她们的来历说法不一，总之是神灵的女儿。她们生活于冥界，只有在要惩罚人间的罪孽时才来到地面上。通常，她们被描写成头上长满毒蛇、背后生翅、眼中滴血、手执鞭子的丑老太婆，心中充满复仇的怒火。她们追捕并惩罚那些犯下严重罪行的人，无论罪人在哪里，她们总会跟着他，令他受到痛悔的煎熬。希腊人对于复仇女神十分敬畏，认为直接说出她们的名字会给自己带来厄运，因此有时称她们为“Eumenides”（欧墨尼得斯），意思为“仁慈的人”。——译者注

柏拉图

德谟克利特

滑，火原子尖头刺脑，而灵魂原子则是弥漫而难察的。它们渗透到了上面所说的肝、心、脑这三个器官中，当人死后它们也就消散了。也就是说，据这位颇具影响力的希腊人的说法，灵魂是有物理形态的，当死亡来临时会变得无序，如同身体的其余部分一样。

古希腊人对睡眠的看法让我们了解到，他们所认识的人类本性与我们所认识的有何不同。荷马认为，睡眠和死亡是“有翅膀的孪生兄弟”。睡眠是在夜神尼克斯（Nyx）的两个儿子的监督下，是在去向死亡的半路上。睡眠由睡神修普诺斯（Hypnos）统治着，是由血液引起的。夜晚时，血液被黑暗冷却，从大脑排出来。如果血液未能在黎明之前返回到大脑中，那么入睡的人便落入修普诺斯的兄弟，即死神塔纳托斯（Thanatos）的手中。看吧，像睡觉这样简单的事情也是危机四伏。

在公元一千年左右的时候，人类朝着科学的道路迈出了第一步。盖伦（Galen）是一位希腊-罗马时期的医生，他在角斗场上当医务人员，学到了很多解剖学知识。他第一个表明大脑是心智所在，也是人体的主要控制中心。

盖伦的这个理解，自那时起确立至今屹立不倒。早期的基督教学者尝试找出灵魂在大脑中的位置。还有，因为有了三方灵魂一说，数字三也似乎是重要的，这次它代表了三位一体。但实际上，大脑有四个盛满液体的空间，叫做脑室，是它们拥有那个所谓的控制着大脑和身体的“动物灵魂”。不过，前两个脑室是一对，可以算作一个。从眼睛和其他感官伸出的大多数神经束，似乎都与大脑的前部连接，因此我们认为前脑室具有感知能力。中脑室留存记忆，后来发现这里是推理思维之所。具体业务端位于后部（实际上是底部），这个脑室控制着人体的反应。

> “从眼睛和其他感官伸出的大多数神经束，似乎都与大脑的前部连接，因此我们认为前脑室具有感知能力。”

到了10世纪，来自波斯的学者阿维森纳（Avicenna）有了更好的理解。即便这个更好的理解，在现在看来也只是基本常识（common sense）。阿维森纳认为，感官信息传递到大脑的前端。在那里，它们组合成单一的信息流，阿维森纳称之为普通感知（common sense，这个“普通感知”在英文中与我们现在的“基本常识”是同一个词）。接着普通感知进入中脑室与推理思维相遇，做出适当的反应。然后，它继续延伸到后脑室，被放置在记忆中，以用于将来帮助理解未来的感知。

阿维森纳想搞清楚如果普通感知流被打断，心智会出现什么样的状况。他以他非凡的敏锐，进行了一个我们现在所谓的“思想实验”。他想象一个人被蒙住眼睛，被塞住耳朵，也就是说这个人看不见也听不到。想象这个人悬浮于空中，不是说他被绳子吊着，就是不受力地悬浮于空中，他的胳膊和腿是伸展出去的，就是说他触摸不到自己身体的任何部分。阿维森纳称这个人为“飞人”。他想知道当一个“飞人”是怎样的。没有任何外界的信息输入，“飞人”的头脑里有没有什么东西呢？阿维森纳认为还是会有的。心智与身体是分离的实体，然而它们之间有着某种神奇的联系，或者说是未知的联系。

这种想法现在称为“二元论”，勒内·笛卡尔（Rene Descartes）是这个理论的主要支持者。笛卡尔是个多产的人，尽管早年生活有点坎坷，也许要感谢这点坎坷。年轻的笛卡尔体弱多病，但非常聪明，他住在巴黎的寄宿学校，那里的耶稣会士允许他整天躺在床上。成年后的笛卡尔仍然保持着这个习惯。据说，笛卡尔躺在床上看着卧室天花板上飞飞停停的苍蝇，那些线与点或许帮助他在头脑中形成了解析几何的概念。对于最初的几何代数，将方程式与线条相联系是一项技术，现在我们大多数人简而言之

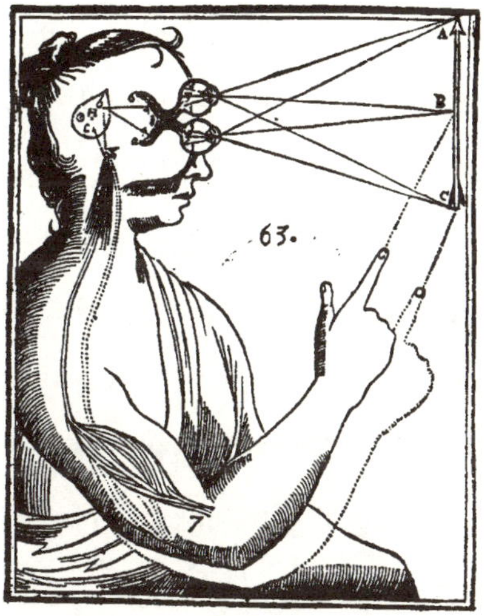

笛卡尔认为的头脑与身体

为：利用图形。

笛卡尔不仅是个数学狂，他还说了一句传世名言：“我思故我在”。没错！你猜对了，这句名言也与床有关。笛卡尔说，他从一个梦中醒来，开始了一天的生活，却发现自己又一次从梦中醒来。第一次的醒来竟然是个梦。笛卡尔便开始疑惑：自己会不会再一次醒来呢？也许自己的一生都只是一个梦？

正是这个怀疑证明了他的救世主的存在。什么样的证据能够证明某种东西确实存在呢？他的身体有可能被另一个存在或力量控制着，他无法证明这样的力量不存在。然而，正是他充满怀疑的这个事实告诉了他，他可以确定一件事，只有一件事，那就是他自己。只有一个有意识的头脑才能怀疑其自身的存在。换句话说：“我思故我在”。

笛卡尔清楚地看到了身与心之间的分别。身体主要以应激反射的方式工作，好像是一个血肉包裹的机器人在根据预先设定的程序来行事。必要时，心智会参与控制指导程序。笛卡尔认为心智是非物质的，它既不是由物质组成的，也无法被检测到。笛卡尔提出心智是通过松果体与物理世界连接的。松果体是一个位于大脑底部的腺体。大脑，正如身体的其他部分一样，是双侧对称的，而松果体却是异常的单一。松果体参与分泌控制情绪和身体日常节奏的化学物质。然而，笛卡尔将其描述为灵魂的所在地，即“第三只眼”，它联系着感官之外的神秘领域。笛卡尔还说，灵魂是通过微小的抽搐和脉动穿过松果体与身体进行交流的。

荷兰哲学家巴鲁·斯宾诺莎（Baruch Spinoza）是首先反

对笛卡尔身心分离论的人之一。对于斯宾诺莎来说，身心不该分离，因为宇宙中的一切都是同一本质的一部分。心智与身体一样，是自然本质的一部分。因此斯宾诺莎宣称，整个历史都是预先决定了的。无论我们想些什么，学些什么或推理到了什么，万物发生自有其必然性，唯有如此才能将自然本质保持在完美的状态。

到了17世纪，虽然大多数人有着更紧迫的需求，比如如何才能填饱肚子之类，但还是有一些人花时间仔细思考了这个问题，提出了两种关于“心”的看法：一种说“心”是一种超自然的灵魂，存在于物理现实之外，并有可能在人身体死后继续存在；另一种说“心”是身体的延伸，就像手臂或眼球一样，是身体的功能单位。回顾最初，自那以来有多大的变化呢?

笛卡尔

斯宾诺莎

第七答

紧随笛卡尔和斯宾诺莎之后的是约翰·洛克（John Locke）。他提出了著名的“白板”说，即：人出生时不带有任何记忆与思想，心灵是一块干净的白板。洛克认为，一个人心智的全部内容，包括记忆、知识和推理能力，都是经验与教育的产物。对于洛克的这个说法，当然有人持不同意见。有人认为有些知识的要素是与生俱来的，而身体是由内在心理过程所控制的，这只有当事人才能感知到。

在1950年代，一位叫斯金纳（B.F. Skinner）[1]的动物学家对

“斯金纳发明了一种实验设备，现在称为斯金纳箱。箱子里有个装置，对里面的动物给予奖励和惩罚。”

---

1 伯尔赫斯·弗雷德里克·斯金纳（Burrhus Frederic Skinner），是美国的一位心理学家，也是行为学家、作家、发明家、社会学者及新行为主义的主要代表。他在1958年至1974年间担任哈佛大学心理学教授的职位。他引入了操作条件性刺激，还写了著名的小说《桃源二村》。斯金纳发明了著名的斯金纳箱，引入了操作条件性刺激来解释这一现象。他改革了激进行为主义并且创立了自己的实验型研究心理学——实验型分析行为学。他在人类行为学上的作为在《言语行为》一书的出版后达到顶峰。——译者注

这些仍然表示怀疑。他的研究领域叫做激进行为主义[1]，之所以称为“激进”，是因为它终结了在此之前所有关于身心的高尚的哲学猜想。

斯金纳发明了一种实验设备，现在称为斯金纳箱。箱子里面放入一只动物——斯金纳放的是鸽子，用什么动物无所谓，只要做个适合这个动物的箱子就行。箱子里有个装置，对里面的动物给予奖励和惩罚。斯金纳用这个箱子来表明，即使是像鸽子一样傻的动物也可以学会执行复杂的任务，复杂程度可以与黑猩猩等智能动物相当。

斯金纳不是要利用这些结果来证明鸽子与猿一样聪明。他做了一些更加激进的事情。他要以此说明，心理过程、智力或者其他，都与学习无关。可观察的行为是解释学习过程需要的唯一证据。

每一个行动都仅仅是刺激的结果。包括人类在内的动物，

1　行为主义（behaviourism），即行为主义心理学（behavioral psychology），是美国现代心理学的主要流派之一，也是对西方心理学影响最大的流派之一，其创始人是美国心理学家华生。行为主义心理学主张以客观的方法研究人类的行为，从而预测和控制有机体的行为。行为主义有着深刻的哲学渊源，机械唯物主义、实证主义和实用主义等哲学思想都对行为主义产生了广泛的影响。工业革命以来，作为当时自然科学成果总结的哲学思想是机械唯物主义。实证主义的基本原则是把一切科学知识建立在观察和实验的经验事实的基础上。早期的行为主义正是根据这一原则，放弃了对意识的研究转而研究可观察的行为。相对于机械唯物主义和实证主义，作为美国权威哲学的实用主义对早期的行为主义的影响更为直接和深刻。华生把不可直接观察和体验的意识排除在心理学研究之外，把人的行为活动简化为刺激—反应的行为模式，把有效地控制人的行为作为心理学的最终目的，这些都是实用主义哲学在心理学中的具体体现。——译者注

鸽子，聪明还是傻？

无论是否具有心智过程，它们并没有参与学习。

救命啊！这是怎么回事？难道心智只是一个幻象？

接下来的15年，没有人能够反驳这个理论，虽然众多的神经科学家一定不能同意这种激进行为主义的观点。但是很难反驳，因为需要心理过程的物理痕迹来作为反驳的证据。

> “坎德尔的研究揭示了脑细胞形成记忆时发生的化学变化。”

埃里克·坎德尔（Eric Kandel）在1960年代末找到了这个证据，他因此于2000年获得了诺贝尔奖。坎德尔的研究揭示了脑细胞形成记忆时发生的化学变化。记忆以脑细胞“记忆网络”的形式储存着。可以简单地概括为“一起点火一起着的脑细胞”。人们至今仍在寻找：记忆在大脑中的精确位置。这件事很有难度，其一是因为脑部扫描器无法足够近距离地观察大脑中的活细胞。而且，单个记忆并非存储于单个地方，而是由多个碎片组成的。而且这些碎片又与其他的记忆相关联。大脑化学的痕迹的确证明了心理过程的物理关联。但是，用于创建有意识思维的化学位移和电脉冲，它们之中所包含的代码，我们至今仍然无法理解。

澳大利亚哲学家大卫·查默斯（David Chalmers），选择从另一个角度看待意识问题。他想象了一个哲学意义上的僵尸。这个哲学僵尸不是大众想象中的肢体残缺却不死的尸体。哲学僵尸是这样的：从外表看起来完全正常，行为也完全适当，但是没有意识。它的行为没有心理因素的影响。如果查默斯没有告诉我们它是个僵尸，我们可能永远也不会知道。即使把它切成两半（别担心，它没有意识，因此也不会痛苦），也会发现它的大脑是完整的，方方面面看起来都很正常。

“澳大利亚哲学家大卫·查默斯（David Chalmers），选择从另一个角度看待意识问题。他想象了一个哲学意义上的僵尸。”

查默斯的这个思想实验是为了指出：想要比较两个人的意识是有多么困难，也许是不可能的。如果我们进入别人的意识，我们会看到一个不同的世界吗？天空是蓝色的，从他的意识中看出来的蓝色和你通过自己的意识看到的蓝色是一样的吗？天空当然是蓝色的，但如何证明每个人心中所感受到的蓝

你看到了什么颜色？

色，都是一样的呢？

查默斯继续扩展这个想法。思维是由物质的大脑产生的，

但其意识却产生了没有物质基础的感受质[1]，即主观特质、感受

1 感受质（qualia），是个哲学词汇，也称感质，或感受性。是人对经验的主观的、质的感受。举一个经典例子，我看到一幅画中的“红色”，我感受到的可能是“像晚霞一样的红”，或者“像火一般的红”，或者“像西瓜一样的红”。这些“像……一样”的主观感受，就是我对这个红色的感受质。这个概念的重要性在于，它的存在与否，恰处于“身心二元论”与“物理主义”交锋的前线上。如果我们的心灵具有“主动去感知”，“只能意会，不能言传”的成分，那么心灵就不只是身体运作的功能单位。——译者注

和感情。他提出，一定大小和形状的大脑，总会有着意识。如此他的哲学僵尸就不存在了。既然这个人有着完全的人类大脑，那么他必然具有意识。然而，意识并不属于大脑本身，意识是对更宽泛的普遍现象的一种了知。如此，我们回到了斯宾诺莎。

为了尽可能平衡公正地对待各方观点，让我们仔细地看看大脑是如何产生意识的。大脑的前部没有意识中心。与大多数高级功能一样，大脑将各处的信息输入汇总在一起，通过相互的关联来实现其功能。研究人员正在建立一些复杂的多维度的模型，来帮助我们理解不同大脑活动之间的联系，以及这些大脑活动是如何相互影响的。

也许是因为感觉皮层和运动皮层比较容易被理解一些，所以它们是大脑功能图上最早被识别的区域。感觉皮层从遍布整个身体的触摸传感器上收集信息。与感觉皮层相随的是运动皮层。它根据身体所触摸到的东西向肌肉发送如何反应的指令。就我们讨论的目的而言，中间的这一小部分便是“意识”。大脑以电脉冲的形式发送信号，在运动皮层向身体发出信号之前，它的电场会略微升高，这叫做准备就绪。在1980年代，研究人员想搞清楚，若大脑准备要做个自主运动，需要花多少时间。研究的结果有点出乎意料。研究方法不是所有人都赞同，反正它是这样执行的：测试者要记下他们决定移动手指的确切时间，再将这个时间与大脑的活动进行比较。结果显示：在测试者决定进行运动之前，他的运动皮层已经准备好将信号发送到肌肉了。这个结果揭示出一些事情，至少

> “结果显示：在测试者决定进行运动之前，他的运动皮层已经准备好将信号发送到肌肉了。”

它表明了，我们对决策的意识落后于我们的实际决策几分之一秒。往大了说，它甚至表明：我们所有的行为都是由潜意识控制的，而我们的意识只是一种幻象，它让我们以为我们在控制着自己的身体。我们并没有在行使自由意愿（free will）[1]。

还有第三种可能性。我们的身体在大部分时间中都是自动运行着的，头脑只会介入去否决某些动作。有些人称这种情况为“自由不愿意”（free won't）。总而言之，这可能是笛卡尔已经认识到了的。

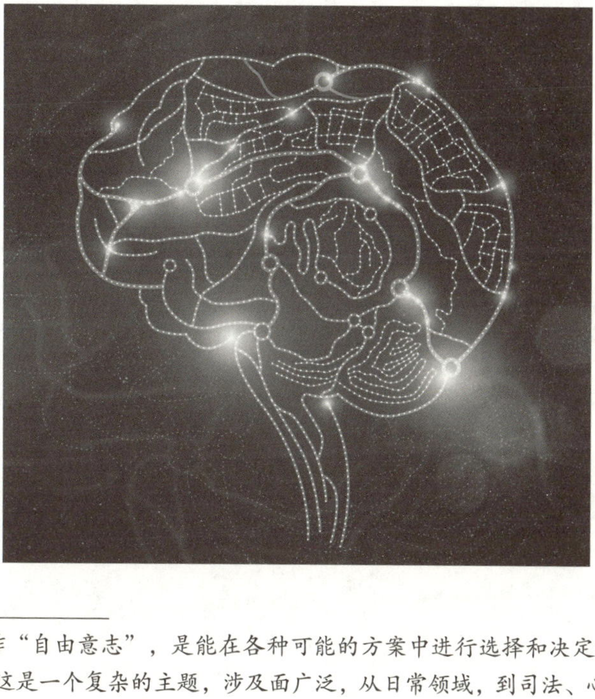

1　又作“自由意志”，是能在各种可能的方案中进行选择和决定行动的能力。这是一个复杂的主题，涉及面广泛，从日常领域，到司法、心理学、哲学、神学等领域。哲学界对“自由意志”的定义并不统一；而日常人们所讲的“自由意志”又不同于司法界和心理学界所理解之“自由意志”。——译者注

第八问

永生是件好事儿吗？

谁想永生？这里不是说活上几个世纪，而是永远活着。宇宙的热死寂约在220亿年后，够不够久呢？拥有不死之身的你，依旧活着。宇宙变得寒冷而散漫，所有物质散漫得如此稀薄，以至它们之间无法发生任何相互作用。永无一物，永无一事，永远永远。而你，也在那里永远永远地看着。

当然，在那之前，太阳早就炸没了，同时把地球变成了一块烧焦的石头。按说你应该在那个时候就死掉了。就本章而言，我们假设一个不死之人，他不会死于自然原因，但可能会死于意外事件。意外事件是诸如：交通事故、跳伞事故，或者如同《星际迷航》中在79世纪被伏尔贡人的夸克鱼雷击中。

“如果这便是永生，你会接受吗？”

如果这便是永生，你会接受吗？也许首先，我们应该看看希腊神话中关于永生的教训：黎明女神艾奥斯（Eos），抓住了英俊的特洛伊王子提索奥努斯（Tithonus）做她的爱人。她向众神之王宙斯（Zeus）求助，希望宙斯能让提索奥努斯永生，他俩便可以永浴爱河。宙斯同意了，但同时也给了艾奥斯一个教训。提索奥努斯拥有了不死之身，却要不断地衰老。他逐渐失去了移动的能力，最终变成了蝉，永远絮絮不停，却永远不死。

这听着也不是很美妙。那让我们再为永生增加一个条件，让我们长生不老，或者说让我们处于生机勃勃的生命阶段，并永远停驻在此。这听起来好多了，是吧？

炼金术士肯定是这么希望的，还要有魔法石（Philosopher's Stone），以此确保用之不竭的黄金。炼金术士们满世界寻找长生不老药。长生不老药（elixir），这一词源自阿拉伯语“奇迹之物”，通常认为是一种可饮用的物质。那么，好吧！让我们干一杯长生不老药！怎么样？

在你回答之前，让我们先想想关于永生的不同的思考角

寻找财富与永生

度，可以是身份的、道德与价值的、生物的，甚至是概率上的。看看是否这其中的某一个思考角度，能将你的回答从肯定转变为否定。

先看看哲学的角度。虽然永远年轻的身体不会衰老，但心会变老。哲学家们继续与身份的概念做斗争。例如，约翰·洛克（John Locke）想象了当一个王子和一个补鞋匠心灵对换时会发生什么。身份是跟随着思想呢，还是跟随着身体？显然，城堡里的臣子们会更在意王子的身体，但是那个生活在贫民窟中有着王子心灵的补鞋匠，肯定希望他仍然是皇室成员。

在1980年代，英国哲学家德里克·帕菲特（Derek Parfit）升级了这个思想实验。他以《星际迷航》中的角色为例。柯克舰长（Captain Kirk）被放逐到一个星球上，但是传送器出了问题。虽然斯科提（Sotty）使尽了浑身解数，还是有两名柯克舰长正好同时到达星球表面。（这个桥段可能多多少少在某一集中出现过，然后两个柯克打了一架，最终当然是柯克赢了。）简而言之，帕菲特想弄清哪个是原版的柯克，哪个是复制的。[1]

或许哪个都不是。

“如果身份是你在一段时间内思想和记忆的总和，那么你的身份应该总是在变化的。”

---

1 柯克舰长和斯科提，这两位都是《星际迷航》系列中的主要角色。柯克舰长在“进取号”星舰上担任舰长，斯科提是星舰上的总工程师。——译者注

如果身份是你在一段时间内思想和记忆的总和，那么你的身份应该总是在变化的。现在的你与读本章文字之前的那个你，已经是不同的人了。因此，两个柯克与离开进取号星舰的柯克都不一样了，他们都有各自的经历，同时发展了各自的身份。

因此，当你永生时，你是个不停地改变着的人。一百万年后，你的身份会发生显著的变化。那么，是你在永远地活着，或者你是一系列不同的生命？

“你所有的身份都沿着一个时间轴联系在一起，他们有着同一个目标，即你的存活。”

你所有的身份都沿着一个时间轴联系在一起，他们有着同一个目标，即你的存活。不过就算保证你能够长生不老，那么你活着是为了什么呢？德国哲学家海德格尔说，死亡是人活着的动力。要真实地活着，你必须知道，自己一生中的许多目标都不能永远地规避死亡。这会让你改变要做什么，但你会继续去做。

在西西弗斯神话中，荒谬主义[1]哲学家阿尔伯特·加缪（Albert Camus）提出了另一种方式。他在书中描述了所谓“荒

1　荒谬主义（absurdism），哲学术语，在存在主义中用来形容生命无意义、矛盾的、失序的状态。加缪的西西弗斯神话，是对荒谬的经典描写。加缪认为每个人都是西西弗斯，差别只在是否认识到这一点。——译者注

又白干了一次

谬的悖论”，这悖论源于这样的观察：即使一个人知道自己的生命是徒劳的，必将以死亡而告终，他仍会坚持认为生命具有一定的价值。故事中的西西弗斯（Sisyphus）受到众神的惩罚，每天将一块岩石推上山坡，接着看着石头滚落到山下，然后他又重新把石头推上山坡。在加缪的版本中，主人公在这份徒劳的工作中找到了快乐。加缪鼓励我们接受自己生活的无意义（希望能比西西弗斯的生活丰富多彩一点）。加缪说，我们不应该以聪明的有逻辑的系统，去逃避荒谬的事情，来创造意义。

长生不老的人会做些什么呢？他们永不会死。那么，他们的生命就不再是徒劳的了吗？他们可以设定一些生活的目标，为享乐或为美德，并最终实现这些目标。但是，何必现在就开始呢？他们有的是时间，无穷无尽的时间。

还有什么事是值得做的呢？治愈疾病不再是崇高的职业，没有人生病了。也不需要养育孩子，长生之人不需要繁衍后代。甚至性爱和美食带来的欢愉，也会在几个世纪之后逐渐平淡无趣。这么看起来，这长生不老简直就是在浪费时间。

第八答

首先，生命到底有可能永远活着吗？从理论上讲，不死的生命形式是有的，或者说它们还没有完全死亡。这样的生物通过简单的分裂进行繁殖，或者从身体的一部分生成萌芽开始新的生命。有着这样的生命形式的生物，包括细菌和酵母菌，还有草莓，以及一种长得像水母的东西，叫做水螅。

这些生物有点像我们的思想实验中的柯克舰长。它们分成了两部分，通常是不等份的两部分，一部分可以看作是父母，另一部分可以看作是儿女。除非意外的死亡，父母有可能永远维持着生命，虽然可能性不大，但是有可能。

"所有的同卵双胞胎都是天然的克隆，因为他们拥有相同的基因组，但并非所有克隆都是双胞胎。"

人类不以这种方式繁殖。所以这个想法对人类便不可行。那么，克隆会让我们永生吗？所有的同卵双胞胎都是天然的克隆，因为他们拥有相同的基因组，但并非所有克隆都是双胞胎。你的克隆人一定会比你年轻，所以便有着不同的身份。仅仅因为他们拥有与你相同的所有基因，不说明他们会知道你所知道的一切。而且，尽管他们看上去与你模样相似，但由于他们发育成长过程中的饮食和环境的不同，他们的外观也会与你

有所不同。还有很多其他的方面，令克隆人与其上一代有了很大的差别，这都足以说明克隆科技，不是让人得到永生的答案。

热衷追求永生的人，也可以求助于一个叫做“长生学会”的慈善团体。这个学会成立于1960年代，旨在帮助那些希望在死亡时被低温冷冻的人，直到医学技术可以治疗他们的绝症之后再解冻他们。这个方法也有问题，首先冷冻保存身体的

准备长生

技术是非常复杂的，而且没有证据表明它一定能够达到预计的目的。医疗技术还不能使冷冻人复活。假设保存工作都如法进行，即：将被冷冻者的身体（有时只是头部）保持在零下70° C以下的液氮中。毫无疑问，被冷冻者明白他们能够再次醒来的可能性很小，但毕竟，他们有了时间。

“人体细胞的死亡需要几个小时。取决于急救水平和其他条件，在血液供应停止之后的几分钟，或者几小时，总之时间十分紧迫，在这个时间里，组织细胞已因缺血变成了脱氧细胞。”

有一种普遍的误解，认为一旦停止血液供应，人体细胞，尤其是大脑中的细胞，会在几分钟之内死亡。其实，人体细胞的死亡需要几个小时。取决于急救水平和其他条件，在血液供应停止之后的几分钟，或者几小时，总之时间十分紧迫，在这个时间里，组织细胞已因缺血变成了脱氧细胞。如果再将富含氧气的血液泵回细胞，这些脱氧细胞会因再灌注损伤[1]而被完全破坏。本来是挽救生命的意图却成了补刀凶手。但是，也没有别的办法。即便如此，被冰冻的病人等待着被唤醒，当他们的绝症有了解救之法的时候。

让我们假设，你克服了所有障碍获得了永生，而且乐于如此。你的生命该再无局限了吧。也没准儿正相反。下次过马路的时候被车撞到的概率有多大呢？希望不大，可以忽略不计。

1 再灌注损伤（reperfusion injuries），又称缺血损伤。指遭受一定时间缺血的组织细胞恢复血流（再灌注）后，组织损伤程度迅速增加的情况。由此引起的临床疾病称为再灌注综合征。再灌注后生成的大量氧自由基，是广泛组织细胞损伤的主要发病机制。临床上多种疾病如迟发性神经元坏死、不可逆性休克、心肌梗死、急性脏器功能衰竭及器官移植排斥反应等的发生、发展都与缺血、再灌注有关。——译者注

时时处处都是危险

然而，在一个永生的世界中，死于车祸的可能性几乎可以是一定的。也许你所生活的未来世界中不再有汽车和道路。也许你逃过了地球的死亡，可以活到宇宙的毁灭。即便如此，极微小的风险也可能摧毁永生。有这么多的危险的事情，你的永生最终会毁于其中的一件。大概唯一的解决办法是，充分认识到个人灾难随时可能发生，在这个认识中每一时刻每一时刻地生活。这似乎是一种不错的生活态度，而且你会有足够的时间适应它。然而，有什么东西在你那个永生的自我中发生了变化，或许你已经不那么在意永生了。

还有另一种安全的永生之法：思想上传。接着读下面一章，看看这样的情形是不是已经发生在你的身上。

“也许你所生活的未来世界中不再有汽车和道路。”

第九问

生命是否只是一个模拟幻境?

意识可以储存在一台计算机里吗？这必须是一台像人脑一样工作的计算机。要对计算机的硬件和软件进行大规模重组，使用新材料，用一些我们现在还难以想象的方式把它们连接在一起。那么，我们还能叫它计算机吗？它可不就是一个人了吗？无论它是什么，它的实现还在遥远的将来。

一个瑞典计算机科学家兼哲学家认为，这种技术会在未来文明中占有一席之地。他还说，未来文明已经开发使用了这项技术，而我们就在其中。或者，比起“我们完全处于现实中”的想法，“我们处于虚拟中”的想法可能更加接近现实。

这个瑞典计算机科学家兼哲学家就是尼克·博斯特罗姆（Nick Bostrom），他的这个想法源自摩尔定律，这个定律以英特尔微芯片创始人戈登·摩尔（Gordon Moore）的名字命名。1965年，摩尔预测计算机的能力大约每18个月就会翻一番。虽然近年来这个速度已经明显放缓，但总的来看，摩尔基本是正确的，计算机能力还是会继续提高。如果将1960年代的计算能力与今天拥有的计算能力进行比较，不难想见，从现在起的几个世纪之后，那时的文明可以说将拥有无限的计算能力。那时我们应该能够模拟任何自然过程，甚至整个宇宙。博斯特罗姆称其为“技术成熟”。但是，也不难想象，如此“成熟”的文明会是不可救药的乐观主义。

“1965年，摩尔预测计算机的能力大约每18个月就会翻一番。”

这些博斯特罗姆都想到了。他的建议，称为“模拟论证”，假设一个只有在技术成熟的文明中才能实现的活动：祖先模拟。这是一个计算模型，是未来的我们尝试通过模拟过去（也就是现在），来了解他们的祖先（也就是我们）现在的生活。当今的科学家也在做着类似的事情，建立天气或市场的模型，对它们的运行进行模拟以试图了解和预测。一个技术成熟的文明将能够准确地模拟重现整个宇宙，其精准程度令这个模拟版本与真实的宇宙难以区分。

分析这种想法是为了弄清如此的模拟是否真的存在，博斯特罗姆首先要考虑文明达到技术成熟的可能性。也许是不可能的。获得技术进步所需的时间如此之长，有可能在达到技术

“获得技术进步所需的时间如此之长，有可能在达到技术成熟之前，太阳系就已经毁灭了。”

成熟之前，太阳系就已经毁灭了。（也许，这在技术上就是不可能的。）

博斯特罗姆还考虑到，发展到技术成熟的过程会充满各种危险，文明极有可能会因战争或技术事故将自己毁灭。尽管如此，博斯特罗姆得出的结论是，有少数文明能走到技术成熟是合理的推测。

“也许在他们走向成熟的过程中，对过去已经有了一个很好的了解，或者不认为更多地了解过去对他们有什么用处。”

然而，所有成熟的文明都会进行祖先模拟吗？也许在他们走向成熟的过程中，对过去已经有了一个很好的了解，或者不认为更多地了解过去对他们有什么用处。如果是这样的话，他们就不会投入大量资源来模拟宇宙。当然，也可能是为了其他原因去模拟宇宙，比如就是为了娱乐。因此，再次得出的结论是，即使只是极少数，成熟的文明还是有可能进行祖先模拟的。

最后，博斯特罗姆给我们放了一个大招：我们所有人都是未来计算机中的模拟存在，如此的可能性最大。

这可能是你的真正所在

一个技术成熟的文明将能够准确地模拟重现整个宇宙，其精准程度令这个模拟版本与真实的宇宙难以区分。

虽然一个成熟文明想要模拟过去的概率非常小，可一旦出现，它能够产生的模拟数量将会是一个天文数字。那么，计算机中所运行着的模拟现实便会很多。我们会是在哪一个里面？

第九答

这显然是没有人知道的，如果有人知道的话，到了现在应该有人会告诉我们了。然而，天文学家仔细研究过了，就宇宙模拟而言，应该是有一定限制的，是在物质和能量方面的限制。寻找能量上限的地方，是遍布宇宙的超强大的宇宙射线。如果它们都在同一水平上断绝，那就可能表示我们的宇宙是被预先设计的。如果事实证明我们的确都是计算机中的角色，那我们该怎么办？

第十问

我们为什么一定要死呢？

“最终，身体衰竭，生命终结，死亡接管一切。”

生命经历了漫长的岁月，历久弥新。生命能造出全新的身体，能扛过疾病与灾难。为什么生命不能让身体永远年轻呢？

我们的身体总免不了磕磕碰碰，如果年轻，这些损伤大部分都容易修复。除非是特别严重的伤害，其他的小磕小碰，自己就会慢慢消失了，可以忽略不计。然而，如果把一生中这样的损伤都积累起来，它们对整个身体还是会产生不可忽略的影响，会引起很多慢性疾病，降低身体的抵抗能力，别忘了外界对身体的攻击是持续不断的。逐渐地，身体开始衰弱，不能再像以前那样有效地工作，并且这些累积的“疾病”还在继续加剧，没有办法将它们全部逆转。最终，身体衰竭，生命终结，死亡接管一切。

大多数人会把上面这个关于衰老的诗意的描述当作事实。然而，驱使衰老的主要因素并非身体自身的损耗。有生命的东西似乎都在活跃地衰老着，而且是以不同的速度衰老着。

那么那只北极蛤呢？你可能听说过一些最长寿的动物，其实最长寿的动物既不是象龟，也不是蓝鲸或驴子。至今已确定年龄的最长寿的动物是一种硬壳蛤蜊，或称圆蛤、北极蛤，它

一只将死的蜉蝣

为什么成年蜉蝣只能活一到两个星期？（蜉蝣只活一天的说法是个谣传，不过它的日子可以用两只手的手指就数完，最多再加一只脚。）是因为它脆弱飘忽的身子在穿越池塘边的灌木丛时受了伤吗？蜉蝣的成虫不进食，它的消化道充满着空气以增加浮力。那么是不是因为它不吃东西没有能量来恢复受伤的身体呢？是也不是。它只是不需要再活着了。

的名字叫“明”[1]。他/她（蛤是雌雄同体）是在2006年从冰岛附近的海底被挖出来的。从软体动物壳上的年轮可以数出它们的年龄，研究人员得出明的年龄是507岁。明在1499年从卵中孵化出来，也就是在不久之前，约翰·卡伯特[2]的船队在离它不太远的海面驶过，前去“发现”北美大陆。然而，可怜的老明最终被人类的各种实验弄死了，成了献身科学的烈士。毫无疑问，老明的长寿受益于一套双层防弹服，保护它免受身体上的伤害。但是，这便足以确保五个世纪的生命吗？或者是极度幸运的明，在海底找到了一个极度安全的地方？

“从软体动物壳上的年轮可以数出它们的年龄，研究人员得出明的年龄是507岁。”

有些动物生活的环境非常恶劣，那样恶劣的环境会在很短的时间内杀死蜉蝣、人类，甚至圆蛤。有一种极微小的节肢动物叫做水熊，它们还有个更加可爱的名字叫苔藓小猪。它们是在生物学家观察雨后的积水和其他临时水坑时被发现的。这种小动物也生活在冰冷的海洋、高山之巅和热泉之内。基本上，只要有点水的地方，水熊就能生存。随着水的干涸，这些短暂

1　明（Ming），因为它生于1499年，是中国的明朝，所以取名为“明”。——译者注

2　约翰·卡伯特（John Cabot），意大利航海家，1497年他为英王亨利七世航行到达今天的加拿大，他却以为到了亚洲的东海岸。1498年他到达了今天的美国东海岸。同年，哥伦布首次登上了南美大陆。——译者注

同明一起被发现的其他北极蛤有的也接近300岁生日了，所以虽然明比较特殊，但运气并不是首要因素。

的栖息地便不可避免地消失，水熊等缓步动物门的动物们，也将随之失去家园。但是，它们早已做好了准备。它们会将自己的八只腿缩入身体里，整个身体成了一个坚硬的包囊。这个包囊没有生命迹象，体内只有微乎其微的水和氧气，新陈代谢也停止了。生物学家称此为隐生状态。

> “这个包囊没有生命迹象，体内只有微乎其微的水和氧气，新陈代谢也停止了。”

隐生状态下的动物，从所有意图和目的上看，都像是死掉了。

这只水熊不要死

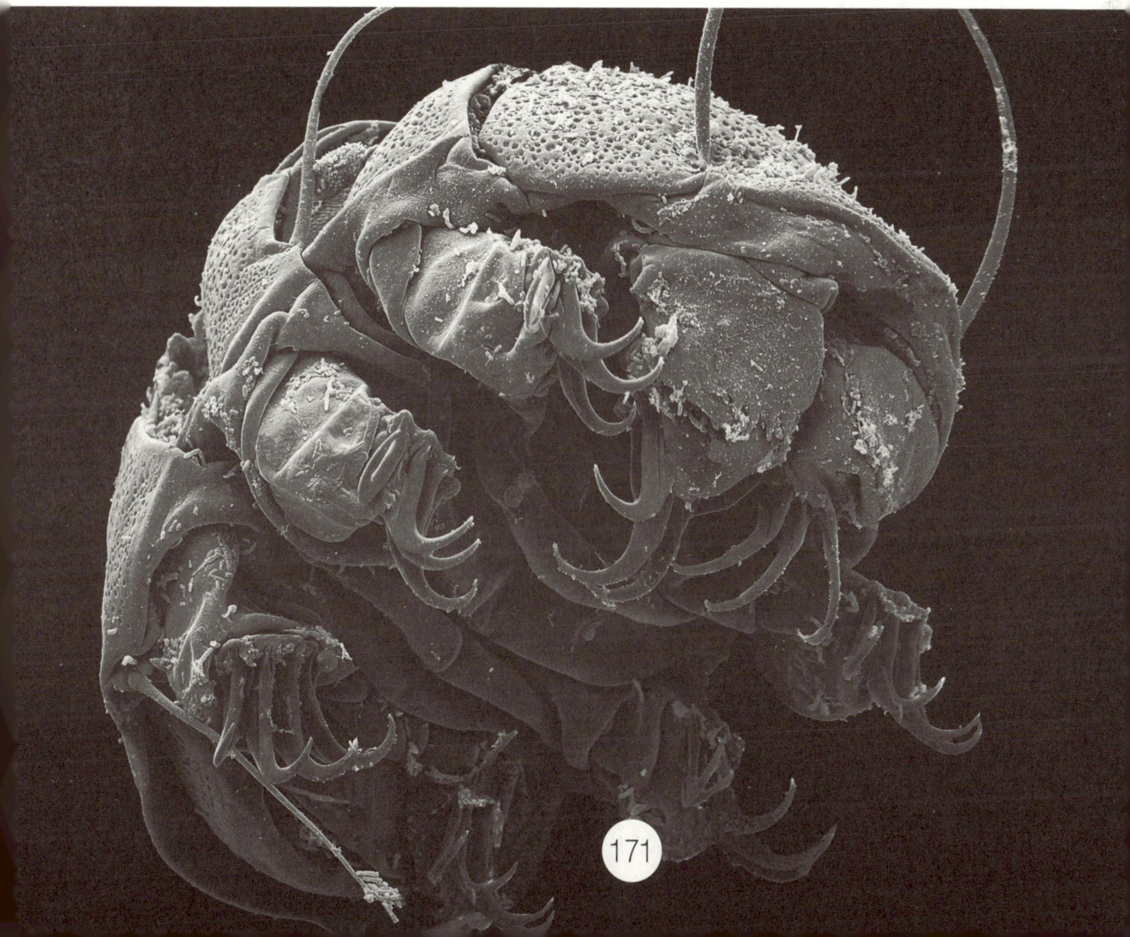

而且这个如死亡一般的状态可能会持续几十年，甚至可能永远。这个包囊可以承受极端的温度，超过地球上的极端条件。通常情况下生命活跃的水熊，其含水量为85%。在包囊状态下含水量只有3%。它的抗高压能力使它能够抵抗超过地球上最深的海沟之下的水压，它的抗辐射能力使它能够抵抗超过人类致命辐射剂量的数千倍的辐射量。一次太空探险更是证实了水熊的强悍，在2007年，一队隐生状态下的水熊被送入太空，在飞船外部的真空中待了10天。返回后，这组无脊椎动物太空探险者中，有三分之二都活了过来。

如果衰老就是躯体老化的必然，那么水熊似乎可以根据需要停止这个过程。

如果衰老不是生命的普遍特征，那么它与其他对生命形成威胁的状况又有何区别呢？从医学上讲，衰老就是一种绝症。

举个疾病的例子？我们首先会想到诸如水痘、埃博拉病毒或疟疾这些具有传染性的疾病。当然，还有其他疾病，例如癌症、精神疾病、痴呆症。

传染病是由病原体引起的。我们通常所说的细菌或虫子，包括病毒、细菌、真菌、变形虫甚至微小的蠕虫。但并非所有这些东西都是病原体。远非如此，它们中的一些不仅对我们无害，而且对我们相当有益。以细菌为例，人们想到细菌感染便不寒而栗。然而，我们体内大约有一万亿个细胞，每个细胞中都会有10个细菌细胞。它们大多数是在肠道或皮肤上。与人体细胞相比，它们的体积很小，所以从总质量上说它们相差甚远，但是我们肯定被细菌“感染”了。这些细菌帮助我们消化那些我们自己很难消化的东西，而且最重要的是，这些“好”细菌占满了位置，“坏”细菌便插不进脚来发动疾病攻击。

很多与疾病相关的事：疼痛、高烧、流鼻涕等，实际上都是对病原体的免疫反应。血液通过我们周身的淋巴结得到过滤，以清除入侵者。在这个过程中，淋巴结处会变得敏感和肿胀。较高的体温能提高身体的工作效率，宣告对身体的入侵者发动全面反击。

一个病原体

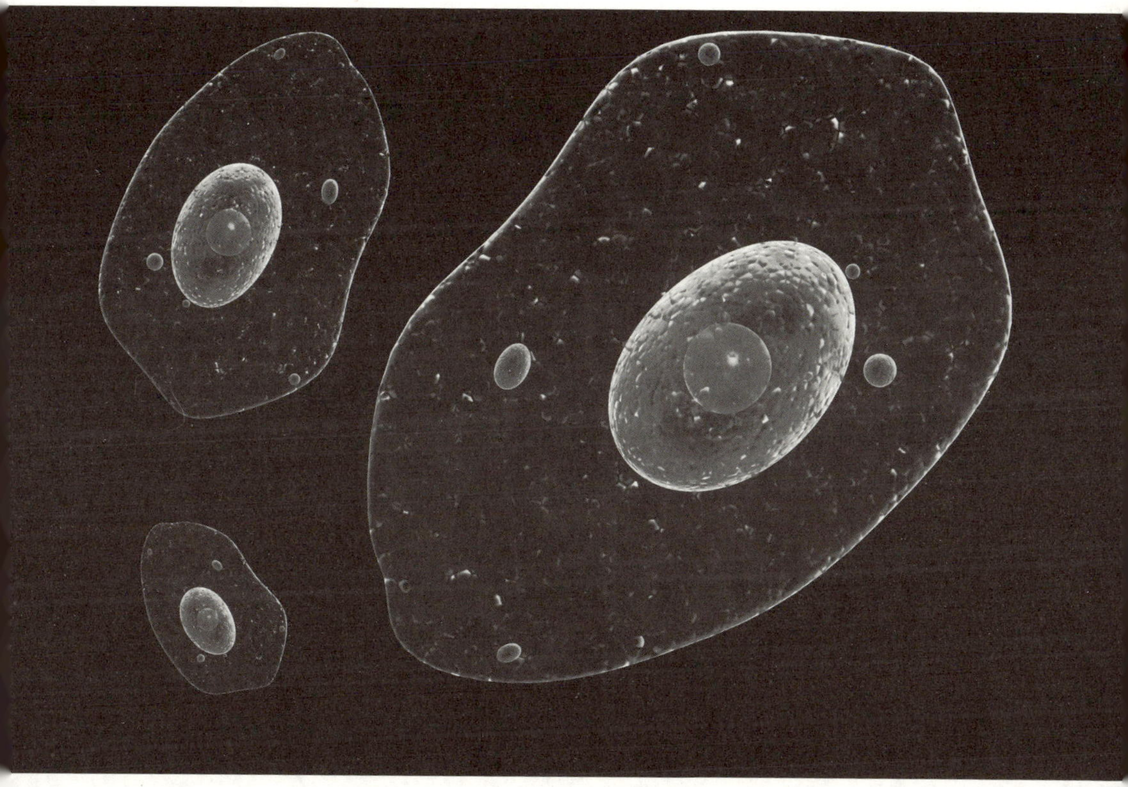

这个战役身体通常会赢，但也是以机会为代价的。在自然界中，捕食者会选择病弱的个体作为捕食对象，病弱的邻家小哥也总是输给健康强壮的竞争对手。

很多大型动物，尤其是K选择繁殖策略的动物（请回想第一问中关于繁殖策略的内容），已经进化出一种能力，能够向周围表达出自己健康有活力的信号。孔雀的尾巴、雄鹿的角，或是叛逆的摩托车手的皮衣，都宣示着：世界虐我千百遍，我都能屹立不倒活得很好。除了生存得不错，他们还有精力让自己看起来也不错，要知道，让自己看起来不错，很多时候是会威胁生存的。

“病原体和寄生虫不断进化，攻击宿主，而宿主也不断进化以抵抗它们。”

生物学家称动物发展出这类宣示信号的过程为“红皇后效应”。红皇后是爱丽丝梦游仙境的《爱丽丝魔镜之旅》中的角色。皇后努力奔跑，但仍然维持在原来的位置上，进化也同样处于不进则退的情形中。病原体和寄生虫不断进化，攻击宿主，而宿主也不断进化以抵抗它们。所有这些竞争在很大程度上都是隐蔽进行的，因此宣示健康有活力的信号已经演变为宣示胜利的信号，表明自己赢得了这场看不见的战争。

年轻的外观实际上也是一个信号，表明身体能够承受生命

青春宣言

的考验。从这个意义上来说，一个实际上不那么年轻的身体仍然可以“年轻”。身体的更新能力必然会停止，这是个事实，可是为什么一定要停止呢？

第十答

衰老的过程不仅仅是身体的老化。生物学中的术语“衰老”[1]与我们平常讲的衰老不完全相同。生物学意义上的衰老，会在30岁左右的时候初露端倪。此后，身体的状态和功能也会保持很好的状态，直到某个时点之后，开始逐渐退化。每个人的情形都不完全一样。有些人会保持年轻的状态久一点。另外一些人变老得比同龄人快一些。所有这些都表明，衰老似乎是一个相当活跃的过程，伴随着身体的自我衰竭，或至少不再能够重新修复。还有一些外部因素也在起作用，例如，强烈的日晒、吸烟，会使皮肤快速老化。但从内因来讲，在某个时点之后，人体就是简单直接地停止自我修复了。为什么会这样?

蜉蝣的衰老开始于它耗尽能量，身体停止工作。圆蛤似乎没有生物学意义上的衰老点，同样的情况可见于刺果松（或称狐尾松）这种最古老的活着的生物。这种生长缓慢，看上去有些干枯的树可以生存4,000年以上。虽然刺果松生长非常缓慢且长寿，但是它身上的所有活细胞都没有超过

> “蜉蝣的衰老开始于它耗尽能量，身体停止工作。”

1 衰老（Senescence），也有译作“老化”。生物学和医学意义上的衰老，可定义为主动性产生内源性因素所引发的组织器官退化，最后常常伴随着程序性细胞死亡（Programmed cell death），而老化（Aging）则是被动性的外源性因子随时间推移所产生的老化生理过程，并不一定会导致死亡，但会降低生物体对于环境变化的适应力。但Senescent与Aging目前没有很确定的区分，尤其是在中文里。——译者注

30年！

细胞衰老是从生命的最初阶段便开始了的过程。就好像细胞有一个遗传时钟，可以计算它们分裂的次数。我们认为这种时钟的功能，是来自染色体末端被称为端粒的结构。它们就像是游乐场里的套票一样，染色体每复制一次（在细胞分裂的时候染色体就要复制一次），就会丢失一个端粒。端粒没有了，细胞也就不能再通过分裂来更新自己，只能走向死亡。

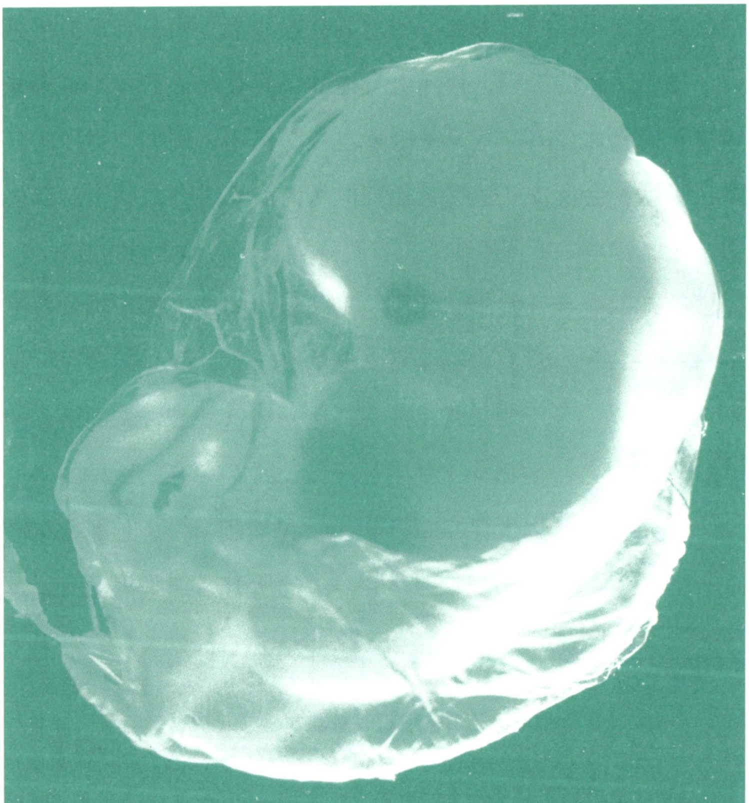

即便是在年轻的身体里，有些细胞也不得不死，这样胎儿才能成长

让一些细胞死亡的这种控制机制，对于胚胎发育是必要的。有些人认为，类似的机制限制了机体在较长时间范围内自我更新的能力，这就是导致整个生物体衰老的原因。

类似的衰老理论指出，遗传物质会随着生物体的衰老而受到损伤，甚至就是直接从细胞中消失掉。人类心肌细胞每年会损失大约0.5%的DNA。与寿命较短的小型动物相比，这是一个很低的损失率了。拿狗来说，它损失DNA的速度比人快五倍，同时人类的寿命比狗要长五倍。

“在生育年龄之前死亡的概率相对较低，一旦过了生育高峰的年龄，身体就开始显著地退化。”

DNA损失与寿命之间的这种相关性，表明自然选择也在这里扮演了某个角色。在生育年龄之前死亡的概率相对较低，一旦过了生育高峰的年龄，身体就开始显著地退化。这其中可能存在着生殖激素对身体的影响，或者这可能是进化的痕迹。我们就是被预设了在繁殖之后死亡。这个情况在八足动物身上特别明显，几乎是当即便发生。当八足动物的卵孵化了，幼仔出现了，母亲就精疲力尽地死了。哺乳动物会多活几年，因为它们要照顾幼崽儿，然后它们也会逐渐死去。人类这方面的确与众不同，他们的寿命远远超过了生殖高峰。我们都知道女性有更年期，其实男性也有不太广为人知的更年期，但是我们也都没有立刻便死掉。

在史前时代，一个人能活这么久是相当罕见的。而那些比较长寿的人，便拥有着在长长生命中积累起来的大量知识。有人认为，人类寿命的延长，是为了要帮助孙子辈的生存而发展起来的。只有这群老人，才会记得上一次干旱、洪水、战争或其他罕见的灾难。也只有他们才能告诉后辈，如何度过这样的灾难。

“在史前时代，一个人能活这么久是相当罕见的。而那些比较长寿的人，便拥有着长长生命中积累起来的大量知识。”

男性比女性稍微短寿一点，一部分原因是他们年轻时更可能去做危险的事，还有一部分原因是他们的DNA比女性要稍少一些。与女性细胞中的X染色体相比，男性的Y染色体显得不那么牢靠。一个女性细胞有两个X染色体，形成XX，男性细胞是XY。如果在一个X染色体上有个错误基因，女性还有另外一个X来替代。男性没有这个后手，虽然整体概率不大，可一旦有了问题基因，导致疾病的风险便会很大。

总而言之，生存的需求压倒繁衍的需求，至少在生物学上是如此。一个还未成熟的机体会将其所有资源用于生长与修复。一旦成熟了，这些资源中的一部分会被转移，用于获得伴侣，繁衍后代，以及抚育后代成长。

这一系列事情，无论你是否好好做了，也无论你有没有要孩子，人体能量的转移都足以使机体的天平，慢慢地倾向于退化与衰竭。

“男性比女性稍微短寿一点，一部分原因是他们年轻时更可能去做危险的事，还有一部分原因是他们的DNA比女性要稍少一些。”

第十一问

是否有来世？

我们死的时候会是怎样一副光景？是不是一切慢慢褪成白色，然后就都消失了呢？大多数（但不是全部）宗教信仰都会涉及死后的世界，信徒的精神存在（从这里开始，我们将使用“灵魂”一词来代替这个“精神存在”），或者说“灵魂”，将进入另外一个生存阶段。

“天堂中的永生，进入另一个身体的轮回，或者没有了任何形式的身份感。”

另一个生存阶段也有些不同的选择：天堂中的永生，进入另一个身体的轮回，或者没有了任何形式的身份感。关于死后的去处，天堂与地狱，应该是最经常被提到的。灵魂离开身体，进入一个非物质的世界，或者说是一个无法以身体的形式进入的世界。在这个世界里，灵魂因在世时的行为，接受审判。如果一切正常，这个灵

美好的天堂

可怕的地狱

魂便进入天堂，在那里永享安乐。有问题的灵魂则下地狱，在那里永受痛苦。

在类似天堂地狱的主题上，不同宗教有不同的变化。在伊斯兰教中，最忠实的信徒住在最高层的天堂，不那么严格执行安拉教诲的信徒所住的天堂要低一些。一共有七个层次的天堂和七个层次的地狱。这样的描绘在其他宗教中也常见：在一些有关基督教信条的故事中，以及在天主教关于中间地带或炼狱的教义里。炼狱是为那些没有按照教会的规则受洗的正直的人们准备的，他们在这里净化灵魂（有人说是通过火烧），然后就可以升入天堂。对于那些从不认识上帝却没有犯过世俗罪恶的人，死后就进入一种滞境，一个地狱边缘的虚无地带，然而这种说法从来都不是基督教信仰的正式组成部分。

灵魂可能入住不同的躯体

投胎转世是印度教、锡克教、耆那教、佛教徒所信仰的来世，近几个世纪在西方建立的一些现代宗教，应该是受到了东方传统的启发，也信仰转世。转世是人在死亡时，灵魂找到另一个刚出生的生命，并进入其中重生。在佛教中，这种灵魂的转移不需要实际做些什么。在印度教中，死者的头骨要在燃烧的柴堆中裂开，灵魂才能离开死者的身体。

关于轮回的一个有趣的地方是，它意味着每个生命都是一个“来生”，同时也意味着每个生命都有一个“前世”。灵魂要去的地方取决于此人生前生活中的行为积累。有着美好德行的人，会有希望在下一世转生为有着更好地位的人类，或者其他神圣动物。表现不好的人，会被降生为害虫或恶魔之类。

然而，轮回并不是唯一的选择，它也不是宗教教义所设定的目标。那些最忠实最正直的灵魂，会从永恒的轮回转世中释放出来，他们的身份感逐渐淡化为无我自足的状态，这便是涅槃。

所有这些关于来世的概念都要求人们在活着的时候做好事。如果没有某种永生的回报，我们生活着的这个物质的世界会不会更加混乱和自私呢?

“所有这些关于来世的概念都要求人们在活着的时候做好事。如果没有某种永生的回报，我们生活着的这个物质的世界会不会更加混乱和自私呢？”

第十一答

美国哲学家塞缪尔·谢弗勒（Samuel Scheffler）提出，还有另一种来世，就是知道我们的孩子、朋友，以及整个社会，将在我们死后继续存在着。相信这个并不需要非凡的信念和传奇。当你的亲人死亡时，你与其他人依旧如常生活着，那么你自己的死去又会有何不同呢？当然，有一些思想流派，例如唯我论，认为整个宇宙只存在于你的意识中。自然也有很多反对的观点，毕竟没有多少人会相信，当我们失去知觉时（甚至仅仅是睡着了而已），宇宙便消失了；直到我们恢复知觉，宇宙才得以重现。

谢弗勒认为拥有他所提出的这种来世的信念，人们更能够保持美德，努力活出更好的自己以及获得更好的人类生活。要检验他的理论，谢弗勒会给你，仅仅是你一个人，一条秘密的信息。他告诉你，你的未来将是正常的生活并自然的死亡，但在你死后30天，世界会遭受一场巨大的灾难（例如小行星撞击），这场灾难令人类灭绝。请记住，你不会直接遭遇这场灾难，它也不会以任何方式改变你现在的生活路线，但只有你知道你死后整个人类的命运。

> “当你的亲人死亡时，你与其他人依旧如常生活着，那么你自己的死去又会有何不同呢？”

那么接下来的问题是，你要怎么办？大多数人在思考这个问题时，会发现他们失去了继续生活的意愿。医学研究人员不再寻找治疗疾病的方法，政治家不再期望建立更美好的明天，总而言之，人们失去了继续生活下去的理由。虽然你个人不会受到人类灭绝事件的影响，但是你会失去对身后之事的确定感。尽管灵魂、天堂和地狱，以及轮回的问题无法可想，但我

再无一人

们或许都可以同意，谢弗勒所提的这种来世最具意义。有了这种对身后世界的信念，我们更有动力追求巩固一种公平的、创造性的和建设性的生活。没有了它，我们注定迷失。